实现幸福最具实操性、最有效用的一本书！

你可以幸福！

【美】威尔·鲍温（Will Bowen）著　　庄安祺 译

从不抱怨到真正的幸福
威尔·鲍温教我们通往幸福人生的简单方法
让你的家庭、工作、人际关系变得美好而圆满

CNS PUBLISHING & MEDIA | 湖南文艺出版社 HUNAN LITERATURE AND ART PUBLISHING HOUSE　博集天卷 CS-BOOKY

图书在版编目（CIP）数据

你可以幸福！/（美）鲍温（Bowen,W.）著；庄安祺译．—长沙：湖南文艺出版社，2013.4

书名原文：Happy this year

ISBN 978-7-5404-5131-8

Ⅰ．①你… Ⅱ．①鲍… ②庄… Ⅲ．①幸福—通俗读物 Ⅳ．①B82-49

中国版本图书馆 CIP 数据核字（2013）第 048150 号

上架建议：励志·成功心理学

你可以幸福！

作　　者：（美）威尔·鲍温
译　　者：庄安祺
出 版 人：刘清华
责任编辑：薛　健　刘诗哲
监　　制：蔡明菲　潘　良
特约编辑：温雅卿
营销编辑：刘　迎
版权支持：辛　艳
封面设计：主语设计
版式设计：利　锐
出版发行：湖南文艺出版社
（长沙市雨花区东二环一段 508 号　邮编：410014）
网　　址：www.hnwy.net
印　　刷：北京嘉业印刷厂
经　　销：新华书店
开　　本：880mm × 1270mm　1/32
字　　数：170 千字
印　　张：7.5
版　　次：2013 年 4 月第 1 版
印　　次：2013 年 4 月第 1 次印刷
书　　号：ISBN 978-7-5404-5131-8
定　　价：29.80 元
（若有质量问题，请致电质量监督电话：010-84409925）

献给父亲比尔，他以身作则，让我步上正轨

幸福是一种存在我们心中，
连续不断的存在。
我们需要做的，
是发现它、维持很高的幸福指数。
通过本书的提示与主动的练习，
能让幸福永远存在。

HAPPY
THIS
YEAR!

你可以幸福！

[目 录]

CONTENTS

献 词

推荐序 从不抱怨，到持续幸福 _001_

序 论 你的命运，就是要幸福 _001_

前 言 再探真理 _001_

第一章 思维 _001_

第二章 言语 _037_

第三章 行动 _069_

第四章 习惯 _113_

第五章 品性 _153_

第六章 命运 _181_

后 记 _196_

[推荐序]

从不抱怨，到持续幸福

台湾 胡志强

在威尔·鲍温第一本影响世界甚巨的作品——《不抱怨的世界》出版时，我即获选为这激励人心的作品作序；当时即对作者通过“戴上紫色手环”这一个简单的动作，让人逐渐获得内心的平静、进而不抱怨感到佩服，从书中感受到满满的正能量。

如今，作者的最新著作再度与读者们见面，更将关怀的视角从“不抱怨”转向更深层次的幸福练习。

在目前的大环境与社会氛围中，太多的人，快乐与否来自于外求，总是想着要为更幸福而拼命补课的，反而更加难过。其实回到自身，检视我们手中拥有的，就会发现自己并没有那么不幸福。只要想法是正面的，面对暂时的困境也能继续向前。即使手中“只有”一瓶水，也能看成手中“还有”一瓶水。

或许你认为，这道理谁都懂，但想比做来得容易！所以，这本书告诉我们一个事实：幸福，是需要练习的。而且人们往往会越练习越幸福，因为在练习之前，我们总是关注自己如何受伤、不满、不足云云。一旦有意识地找寻生命中值得感谢、值得快乐之处，我们将发现其实自己拥有的，比想象中更多。

诚如书中所言，幸福本身就已经是奖赏，那是我们所追求、希望和所做一切背后的奖赏，幸福是一个带着其他礼物的礼物。礼物来自书中提供的多种简单方法，让快乐来得更加简单。有的甚至只要通过简单的自问自答，就能激发自己的幸福潜能。只要短短的几分钟，给自己一个休息、探问内心的机会，就能够找到快乐的自我，而且一天比一天感觉更幸福。

看完这本书后，您会了解幸福就藏在我们内心深处，不论外在环境如何转变，幸福其实不假外求，而是可以操之于已。只要一个人能够唤出内心的幸福，他就可以感受到真正的愉悦和满足，这个世界也会变得更好！

HAPPY THIS YEAR!

你可以幸福!

五岁时，妈妈告诉我，人生的关键在于快乐。上学后，人们问我长大了要做什么。我写下‘快乐’。他们告诉我，我理解错了题目，可我告诉他们，是你们理解错了人生。

——约翰·列侬

[序论]

你的命运，就是要幸福

在你内心深处，你明白这点，知道这千真万确。

人类之所以想要行动、追求成就、拥有一切，背后的原因其实是一个无法诉诸言语，甚至没有被知觉到的信念：人们认为这样做必然能提升幸福指数。然而我们却永远无法拥有持久而充沛的幸福。

今年，你会拥有更多的幸福，持续的时间也能够更长久。本书就是要启发你，让你在人生的细沙上画下界限，切切实实地宣布：**在未来的12个月中，你会体验到更幸福的人生**。

要想变得更幸福，需要努力，但你可能还不明白，你已经费了很大的力气追求幸福，却并未得到你所追求的结果。

在本书中，你会收获拥有幸福的新方法，更重要的是，你会学到如何放下那些阻碍你进步、让你执迷不悟的事物。

我常常把成为更幸福的人和拥有更健康的身体相类比，两者其实是相通的。

决定你健康指数的两个成分：营养（你摄入体内的成分）和运动（你如何对待你的身体）就和决定幸福指数的两个成分相同。**摄入心灵的成分，以及你如何对待自己的心灵，两者能帮你找寻更高层次的幸福。**

我们把追求幸福的努力，放在新年的架构之下，但不必拘泥于此。不论一月一日、二月十日或七月十四日，不论你是在哪一天拿到这本书，让它的“养分”融入你的意识。这本书代表了新年的开始，以及更幸福的新人生。

不论在世界的哪一个角落，新年的到来都不免和幸福息息相关。

· 在美国和许多其他国家，新年都会伴随着“新年快乐！”的祝福。

· 在华人地区，人们趁着新年之始，在家里贴上“福”字，而孩子在收象征幸福快乐的红包之前，都要恭祝父母“身体健康，幸福和满”。

· 在日本，庆祝新年的习俗也包括吃红白鱼糕——红色就象征着幸福。

· 墨西哥人在除夕夜，会穿着彩色内衣喻示幸福。

· 巴西人在除夕的午夜时分，会穿上黄色的内衣，他们认为这能让自己来年更幸福。

· 厄瓜多尔人庆祝新年的习俗之一，是把前一年不快时刻的照片烧掉，作为洗除霉运的方法，而且也让他们自己开运，以期来年有更幸福的生活。

· 土耳其人以善行义举开始新年，他们认为，行善可以为未来的十二个月带来更大的幸福。

全世界的新年仪式以幸福快乐为中心，是因全球人一致追求幸福的期望，让大家在新年许下新愿望。**虽然我们很少承认，但在我们心中深信，只要来年在行为和习惯上做正面的改变，最终必将收获更多的幸福。**

根据美国政府网站（USA.gov）的资料，美国人最普遍的新年愿望是：

- 少喝酒
- 吃有益健康的食物
- 接受更好的教育
- 找到更好的工作
- 健身
- 减肥
- 清偿债务
- 处理压力
- 戒烟
- 环保
- 储蓄
- 旅行
- 帮助他人

是否注意到“生活更幸福”并未在这张表中？那是因为，更幸福是众所周知、无须言明的渴望。

问问自己，为何人们会许下这些愿望？例如：“为什么有人会下定决心要少喝酒？”每个人的理由各不相同，但或许答案是：要使心灵更澄澈，身体更健康。

于是问题变成：“为什么有人期望能有更澄澈的心灵和更健康的身体？”

答案是：要有更美好的感受，要更享受人生。

更享受人生 = 更幸福

让我们再思考另一个美国政府网站上的议题：环保。

为什么有人愿意减少消费、重复利用手头的物品？把不能再用的物品循环再造？每个人的动机不尽相同，但追根究底，都是希望能为环境尽几分心力，感觉自己有所贡献——简而言之，就是要有良好的感受。

良好的感受 = 幸福

如果再深思，新年愿望全都会聚焦到提升幸福指数上来。

有人开玩笑说，新年愿望就是一月头一周的待办事项，然而不论立意多么良好，大部分的新年愿望很快就会被遗忘，直到来年才会再度被提及。

每个新年到来，我们总热切地期盼能够改善健康、人际、财务和事业，以为只要能做到这些，就能得到幸福。只可惜随着岁月流转，大部分人的生活仍是止步不前，觉得改变实在太困难，只能接受自己的命运。

改变的决心之所以会碰到障碍，是因为我们在下决心时，总有不切实际的想法；认定我们得改变天生的个人缺点，以达到更幸福的境界。这就像用望远镜看东西，却选错了方向，我们看到的是结果，而非原因。其实我们必须先了解幸福是个因果循环的过程，它源自我们的思想、言语和行动，最后呈现在我们的习惯、品性和命运上。一旦了解这个过程的本质，学会适度地改变我们的行为，才能真正地改变自己。

幸福是个内在的过程。

我们常于外在寻找改变，以为这会影响我们的幸福感，实际上，这与研究发现的结果正好相反。第四章我们会谈到，作为更幸福的人会对我们的健康、人际、财务、事业，以及其他各个层面有正面的影响。只要每天汲取适当的精神养分，进行心智锤炼，幸福指数可以逐渐增加，不论你的人生面临什么样的遭遇，你都可以成为幸福的人。

幸福的第一步就是接纳你已然幸福的事实。幸福实际上就像健康一样，人们总说希望自己健康，但其实每个人或多或少都已经算健康。

我们可以设定健身目标，并以量体重、检查体脂比、检测体能等来检视我们的进步程度。

然而幸福却和健康不一样，个人的幸福指数非常主观，许多科学家更喜欢用“主观的幸福”（subjective wellbeing）这个术语来描述幸福。

虽然许多学者想要把幸福量化，但到目前为止，这样的努力还没有结果。经济史学家黛尔德拉·迈克洛斯基（芝加哥伊利诺伊大学经济、历史、英文与传播特聘研究讲座教授）在其发表的文章《幸福主义》中有所解释，他把人们对幸福的感受比喻为对颜色的知觉："不论做多少次脑部扫描，我们都无法得知你对红色的体验是否与我相同。"同理，一个人对幸福的感受永远不会和另一个人的感受相同。

幸福指数非但主观，而且也并非和每个人的人生经验密切关联。

对我来说，写作本书的前一年非常艰难。除了母亲去世，我还接二连三地遭逢其他重大的挑战和挫败。即使有这些事发生，有一天晚上我准备上床就寝时，突然觉察到那一整天我感觉很幸福。我不禁问自己："如果在由一到十的指数上，我能有多幸福？"我觉得应该有八点五。于是我拿起一支可以在玻璃上写字的彩笔，在浴室的镜子上写下"幸福指数：八点五"，并且标注了日期。

第二天一早，我看到镜子上昨天留下的数字，决心不论发生什么事，都要尽我所能，在这一天保持同样的愉悦心情。当天晚上，我真心觉得自己再度达到了八点五的幸福指数，并在镜子上留下了这个记录。

我一连两周都重复同样的试验，发现即使人生变幻莫测、充满挑战，我每天依旧能维持八至十分的幸福指数。从中我发现林肯所说的真理："人就像他们所决心的那般幸福。"

尚未进入本书前，请先想想你觉得自己有多幸福，然后下定决心——是的，在应用本书所学的内容之后，下定你自己要幸福到何种程度的决心。

把你选择的幸福指数当作你必然要实现的愿望，只要提升了自己的幸福指数，就能有许多时间让你减肥、戒烟、找到真心相爱的人。

《马太福音》曾言："你们要先求他的国和他的义，这些东西都要加给你们了。"不论各位的理解如何，你们都明白所谓"上帝的国"，也就是"天堂"，必然是由幸福主宰之地。

在《路加福音》中，耶稣告诉我们这个幸福之地究竟在哪里，他说："上帝的国就在你们心里。"

在你心中有着更高层次的幸福，我们要一起召唤它。

在经典童话《爱丽丝漫游奇境记》中，爱丽丝与柴郡猫有一段对话。

爱丽斯问："你可以告诉我，我该走哪条路吗？"

"这得看你想往哪里去？"猫回答说。

在思索我们该走哪条路之前，要先确定我们想要到哪里去。**如果我们想要幸福，得先思索幸福究竟是什么。**

幸福是什么，对此人们有许多臆想和误解。

我读了许多有关幸福的著作，发现对幸福最好的定义，是《今日心理学》上的一篇文章给出的：

幸福是什么？最实用的定义——也是神经学家、精神病专家、行为经济学家、积极心理学家，以及佛教僧侣所共同认定的定义——比较像满足或满意，而非欢天喜地这样的感受。

高兴、欢喜、得意都是人生交响乐的华彩部分，虽然它们很精彩，也应该尽情享受，但若想活在永不止息的兴奋之中，并不切实际。

幸福是一种遍布在生命之中——满足和幸福的感受，而喜悦则像五光十色的烟火，迅速地爆炸，然后很快地消失。

作家塞林格（著有《麦田守望者》）非常清楚地说明了幸福和喜悦之间的不同，他曾写道："幸福和喜悦之间最奇特的差异就在于，幸福是固体，而喜悦是液体。"

幸福是海滩，喜悦是浪花；幸福是人生的情感基石，而喜悦则依赖人生中所发生的一切起落涨跌。

许多心理学家相信我们有个幸福的设定点——一个不论我们的生活发生什么，都会回到的幸福原点。

如果在以十为度的量尺上，我们的幸福设定点是六点五，那么在遭遇美好的事情（例如心仪的对象邀我们出游、找到很棒的新工作、发现一家很好的新餐厅）时的兴奋欣喜一过，我们就会回到原先设定的状态。

幸福原点的正负两极都可以正常运作。有些研究人员发现，在创伤事件发生后，大多数人的幸福指数会大幅下降，然而一段时间后，会恢复到原本的水平。

本书的目的是协助你提升幸福指数，让你面对人生的高低起伏，能够维持最理想的幸福状态。

在我十三岁时，当时只有十七岁的哥哥查克担任校车司机，校方很清楚青少年都有可能会开快车。为了要保障乘车学生的安全，校方在每一辆校车的引擎上都加装了调速器，这个装置限定了校车的最高时速，虽然校车可以开到时速一百一十二公里以上，调速器却限速七十二公里。

因此，不论你想开多快，校车的时速都不会超过七十二公里。

这就像你的幸福指数，在人生平顺之时，会维持一个对你来说相对恒定的水平。

校车上险坡时，本身的重量和倾斜的程度，往往连时速七十二公里都无法达到。

在人生遭逢困境时，你的幸福指数可能远低于你的设定点；不过幸好校车不会永远都在上坡，人生也不会永远都有艰难险阻。

一旦校车攀上坡顶，开始往下行驶，重力就会使它加速到超过时速七十二公里，说不定会更快；但很快它就会回到平坦的地面，速度也就恢复为七十二公里以内。

不论你觉察与否，你都有个情感的调速器：一个幸福原点。这让你不致持续停留在亢奋与狂喜之中，多半时候只体验到转瞬即逝的喜悦；就算我们试图找出你的幸福调速器，恐怕也无能为力，因为它和校车上的机械式调速器不同，你的调速器安放在你心灵的最深处。

我们可以先从两个练习开始，第一个练习需要每天花几分钟，第二个练习只需要做一次，耗时约十至二十分钟。

不要跳过这些练习，它们是通往幸福的必经步骤。

练习一

你究竟有多幸福?

才华洋溢的俄国作家陀思妥耶夫斯基曾说:“人只喜欢数他自己的烦恼,却不计算他的幸福。”

大部分的人都只计算自己的烦恼,常常身处幸福却不自知。要想更幸福,你得先学会发现和计算自己的幸福。

在由一至十的刻度上,你会说自己目前有多幸福?不要思考,只要估计一下就好;而且要记住,这叫“主观的幸福”,因为唯有你才能估量自己有多幸福。

接下来,在未来这一周,每天都省思几次,每一次都写下你的幸福指数。最理想的状况是,你每天在相同的时刻进行三次反省。

为了让你记得,不妨在“胡椒博士时间”(Dr. Pepper times)进行省思。“胡椒博士”是我小时候很爱的饮料,在它的商标上印有十、二和四几个大红字。

这些数字的起源,可以追溯到二十世纪二十年代,“胡椒博士”的员工欧哈拉发现许多人在上午十点、下午两点和四点都会精神不济,由于“胡椒博士”含有糖和咖啡因,能提神醒脑,因此欧哈拉建议公司采取营销手法,向消费者鼓吹在这几个时间点饮用“胡椒博士”,就能驱散疲劳,因此它是炙手可热的提神“利器”。

在你的日历上做记号，或在计算机或手机上设提醒标识，到了“胡椒博士”时间——上午十点、下午两点和四点，或任何你想设定的时间，就会提醒你反省。每天三次，问问你自己在由一（非常不幸福）至十（极其幸福）的刻度上，究竟有多幸福，然后写下你的答案。

每周结束时算出平均值，了解自己当周的幸福指数。例如，假设你当周总共记了二十一次幸福指数（每天三次，一周七天），把它们全部相加，除以二十一，就是你当周的平均幸福指数。

接下来，制订下一周的幸福目标，重复你的练习。

或许你会疑惑：“我每周都要这样做吗？”

没错，持续地做这个练习，每周耗时不到五分钟，却能大幅提升你的幸福感受。

一项针对“主观幸福”的研究显示，光是注意自己的幸福指数，就能提升对幸福的觉知。为你的幸福指数制订目标，并且检查自己的执行成效，就像设定一个目标体重，然后站上浴室体重秤，检视自己离目标还有多远。

我进行了一个小范围的调查，给亲友们发送了电子邮件，问他们是否愿意参加幸福实验，有数十人报了名。

每周一开始，我就向这些受测者发出电邮，请他们在由一（非常不幸福）到十（极其幸福）的刻度之间，设定他们期望即将到来的这一周他们会有多幸福。接着我又一天三次，向每一位受测者发信息，请他们衡量当时的幸福指数。

到那周结束之时，我发电邮给每一位受测者，说明他们的幸福指数，例如："你本周的幸福指数目标是九，而平均值达到了八点五。"接着我请每一个人为下一周设定幸福指数目标，然后重复上一周的过程。

结果如下：三周结束之时，受访者的平均幸福指数，比一开始测试时提升了将近 19%。

这并不能算是正式的科学实验，我也知道种种提问会使受测者开始注意所问的内容，因此让他们对答案有更高的觉知。也就是说，鼓励某人设定幸福目标，然后一再地重复问他有多幸福，会使这人觉得自己幸福指数提升了，因为他全身心都在关注幸福，而**这就是最重要的答案！**

幸与不幸不只是心理状态，也是心理评量。如果阐述陀思妥耶夫斯基的话，那就是只要你着眼于自己的幸福，而非计算种种困难和烦恼，你就会开始觉得自己更幸福。

这全取决于你把自己的想法聚焦于何处。

试想：如果我每天传三次短信给你，要你告诉我当时的视线中有多少红色的物体，那么你不仅会在接到我的短信时关注红色，而且整天都会如此。由于我一再地问你这个颜色，因此它会出现在你脑海的最上方。

畅销作家、思想领袖狄巴克·乔布拉（主张身心调和、心灵至上的医学博士）说明了为什么会发生这样的情况："有更高的觉知，你就会在潜意识中去改变，不需要强迫自己去做什么，只要提升你内在的觉察力。"

设定一个幸福的目标，然后时时检视自己有多么幸福，让你保持对幸福的觉知，使你关注更多引发幸福的体验。

因此每一个参与我的幸福实验的人都订下一周的幸福目标，我每天记录他的幸福指数三次，结果他们幸福的平均指数都提升了 20%。

这些答复，会不会只是迫于情面？后来，我又做了在线不记名的追踪调查，近 80% 的参与者表示，他们觉得这样的做法确实提升了他们的幸福指数。

2012 年 4 月的《经济学人》的一篇文章报道称：“研究人员把人的感觉细分为‘情感的幸福’（日常情绪的起伏）和‘评价的幸福’（个人对自己生活的总评估）。你必然会体验到人生的高低起伏，但花时间评估自己的幸福指数，会让你把重心放在幸福上，有助于你感觉更加幸福。”

你愿意做什么来提升 20% 的幸福指数？每周只需要投入五分钟，就能让奇迹发生。

练习二

“幸福”对你究竟意味着什么?

德国哲学家康德曾说：“幸福不是理性的理想，而是想象的理想。”你读本书，是因为你希望成为更幸福的人，但你可曾运用自己的想象力，去设想“你”更幸福的时候会是什么模样?

要更幸福，你得先在脑海里有个印象：在你的幸福设定点持续地保持很好的状态时，你的人生会是什么样子?

这回，我们再度以幸福和健康相比，如果你想减重，想保持身材，就得先决定所谓的“身材”是什么。要这样做，你得先想象体形匀称的自己，并思索：“这个比较健康的我，体重是多少?”“我看起来是什么模样?”还可能自问：“我会有什么感觉?”你甚至能在心里想象完美的自己在服饰店里试穿新衣，或者骄傲地穿着泳装沿着海滩走过的景象。你会运用想象力来勾画自身的欲望，并启发自己，让自己保持苗条。

少年时期的我非常肥胖。

我在高三减重逾四十五公斤，只可惜随着时光流转，我的体重又慢慢地反弹；我开始觉得不舒服，衣服太紧，而且只要弯腰系鞋带，我就会因为费力而叹息。

我决心要减掉一些体重，恢复此前的身材，因此我运用想象力来达到目标。

首先，我站上浴室的体重秤上量体重——我一直拖延这件事，因为我真的不想承认自己的身材走样得多么厉害。一旦我面对真相，就可以决定自己的标准体重该是多少。

为了激发我的想象力，我又站回体重秤上，但这次我拿了一台相机。我把镜头对准自己的脚，拍下体重秤显示的重量，然后把相片上传到计算机，再用修图软件把目标体重放在电子数字的图像上，再打印照片，贴在计算机旁，让我每天工作时都能看见。

因为我很清楚我所谓的“减重”是什么意思，并且想象了正面的成果，因此最后达到了目标。

说到健美，很少有人能像施瓦辛格那样专注。他共夺得二十四个健美先生头衔，其中包括七次奥林匹亚健美先生（Mr. Olympia）桂冠。在健美生涯中，他养成每个月拍照片的习惯，他会拿一支红笔，在他觉得身体需要改进的部位做上标记，然后依此改变自己的饮食和运动计划，以雕塑出他认为完美的身材。

对施瓦辛格而言，“健美”是已经量化的事物，在他进健身房前，就已经对它有了坚定不移的主见，他的想象力引导自己的每一个行动。

“我要减重”，或者“我要塑身”。这样的言语太模糊，无法吸引注意力，让人保持动力。同样的，光说“我想要幸福”没有用，而且人人都能对这模糊的想法做各种各样的阐释。

这个练习，能协助你在心中描绘出自己更幸福后的模样，而这样的印象也能引导并启发你前进。

现在最重要的是，你该花十至二十分钟回答这些问题。作为较幸福的人，会拥有什么样的人生？如果你对这个问题模糊不清，就会发现自己好像蒙着眼睛瞄准目标一样。

首先，闭上眼睛，想象未来六个月的自己。想象你的幸福设定点比目前要高。然后回答下面这些问题：

- 更高的幸福指数让你的人生有何不同？
- 你的婚姻关系、情感关系能有哪些改进？
- 碰到困难障碍时，你如何维持这种较高的幸福感？
- 你的家庭生活有何改进？
- 工作上有何改进？
- 幸福感比较强的你，会如何对待他人？
- 其他人如何对待你？
- 想象你找到一台相机，上面有数十张更幸福的你的新照，你看起来是什么模样？你有什么样的表情？你望着自己的眼睛时，看到的是什么？仔细描述你有什么感受？
- 提高幸福指数之后，你的人生最大的改善是什么？

回答这些问题后，把这一页的书角折起来，每天早上花一分钟读读你的答案，这样做不仅能让你继续感觉幸福，也能在你的人生道路上激发灵感。

如果要把这两个练习发挥得淋漓尽致，不妨去找一位幸福伙伴——一个朋友或家人，他不仅能在你追寻幸福时支持你，也愿意持续提升他自己的幸福指数。

把第二个练习的答案和你的幸福伙伴分享，然后你们可以互相提醒初始的动机，并且互相支持。

周日下午，不妨和你的幸福伙伴分享下周的幸福目标，接着每天用电话、短信、电子邮件或其他方法联系三次，和他人分享你目前的幸福指数。更幸福意味着你要发展新的幸福习惯，研究发现，在你创造新习惯时若有人陪伴你，会增加你成功的机会。

在畅销书《习惯的力量》中，作者查尔斯·都希格解释：在做重大转变时，能拥有支持架构，正是“慧俪轻体”（Weight Watchers，减肥连锁中心）和嗜酒者互诫协会（Alcoholics Anonymous，戒酒志愿团体）之所以成功的原因。**和你共享幸福旅程的伙伴，意味着是鼓舞你、让你负起责任的人；不论你要减肥、戒掉酒瘾，或者是下决心成为更幸福的人，都没有比和人分享你的经历更好的方法。**

在我决心要恢复身材之时，我向一位住在四百多公里外的朋友求助。我们每天互发一封简短的电子邮件，告知对方自己当天吃了什么，以及当天运动计划的概要。

这竟有扭转乾坤之效！在极短的时间内，我们都达到了理想的体重。

下定决心，你要追求的是幸福，接着就会发现你追求的其他目标，也会自然而然地因你的幸福感增加而降临。此外，更重要的是，你将能彻底地享受你在人生中的其他进步，这将增加它们持续下去的机会。

英文单词“resolution”（决心），来自于拉丁文的“resolvere”，其本意是：解开、松开、放松、解放。你或许会觉得自己受到先前幸福指数的束缚，遭到先前尝试失败的桎梏；若是如此，那么这是你放开胸怀摆脱以往、放下不确定告别过去的最佳时机。

祝人“新年幸福”很好，但更好的是把即将来到的这一年当作你自己更高、更持久幸福旅程的开始。现在你就该决心**今年要幸福！**

本书是以一个意义深远的箴言为基础，其出处已不可考，有人说它来自于道家的老子。虽然真正的作者已经无法查证，但这段话却是培养和维持更高幸福指数的理想架构。

“积思成言，积言成行，积行成习，积习成性，积性成命。”

控制我们思想、言语和行动的，唯有我们自己，因此我们的习惯、品性和命运，完全掌握在自己手中。你可以变得更幸福，你目前的幸福指数是随时可以改变的。

想想current这个英文单词的两个意思，它既喻示当下（例如“the current situation”是指当前情况），却也有水流之意（例如“a river current”是指河水的水流）。**未来的生活就等在下游，仔细选择你倾泻入水中的思想、言语和行动，就可以调整那段生活的幸福指数。**

想要借着累积财富获得幸福，就像在身上贴满三明治以止饥一样徒然。

——乔治·卡林（美国脱口秀创始人）

HAPPY
THIS
YEAR!

你可以幸福！

[前言]

再探真理

在最近的中国之旅中，我应一位中国企业家之邀与其共进午餐，这人才四十出头，已是亿万富翁，企业还在持续成长。

我们通过翻译交谈，这位人人都以为过着幸福美满生活的人，倾身向我用不流利的英文低语：“我不幸福。”他的双眼透着哀伤，仿佛在恳求我帮助他。

在那次旅程中，我印象最深的就是这个人。为什么这么富有的人，以及其他像他一样有诸多幸福理由的人，内心却苦苦挣扎、无法享受他们的人生？

几年前在普林斯顿大学所做的一项调查发现：**大家总以为高收入就会带来好的心情，其实不然。收入超过平均值的人，虽然对生活较为满意，但在很多时候却未必比其他人更幸福。他们往往更紧张，并不会花更多时间在特别享受的活动上。**

金钱买不到幸福，这话不论中外古今，已经被说过无数次。中国有一段谚语说：

钱可以买到一栋房子，但买不到家庭。

钱可以买到钟表，但买不到时间。

钱可以买到床，但买不到睡眠。

钱可以买到书，但买不到知识。

钱可以买到医疗服务，但买不到健康。

钱可以买到地位，但买不到尊重。

钱可以买到血液，但买不到生命。

钱可以买到性，但买不到爱。

你可以用钱买到许多东西，但你买不到幸福。

研究发现，穷得两袖清风的人，在收入较高时，可能体验到幸福的感受。但一旦他达到舒适生活的程度，再多的钱也只能带来一点点幸福。实际上，更多的财富往往会带来反效果。

根据联合国赞助委托所制作发布的《全球幸福指数报告》，

“虽然较高的收入可以提高幸福指数，但追求更高的收入却可能使个人的幸福指数递减。”

后半句很重要，“但追求更高的收入却可能使个人的幸福指数递减。”

“金钱是万恶之源”是我们常说的一句话，其实它出自《提摩太前书》第六章第十节：“贪财是万恶之根。”把追逐金钱当成赚钱的目的，结果反而让你更不幸福。

约在半世纪前，曾有人对一群猴子做了一项研究。猴子原本和睦地生活，似乎十分满足，直到有一天，实验者在笼子里只放了一件玩具。一只猴子开始自顾自地玩起来，其他猴子起先只是好奇，后来却开始互相嫉恨。争端开始蔓延，为了抢夺这件玩具，猴子们不断地使出各种花招，最后导致了整个族群的瓦解。

不论是哪一只猴子拿到玩具，都会焦虑不安，时时提防其他猴子偷走玩具。没有玩具的猴子嫉妒拿到玩具的猴子，不是气呼呼地坐在一旁，就是窥伺偷走玩具的机会。在没有玩具以前，猴子花很长的时间互相梳理毛发，一起幸福地玩耍，但有了玩具之后，它们却满怀敌意，互不信任。

玩具不是造成猴子不满足的原因，是对玩具的欲望和因其他猴子有它们没有之物的怨恨，使它们感到不满足。**可见，只要和别人相比，不论拥有多少，我们都不会满足。**

在二十世纪八十年代经济繁荣时，唐纳德·特朗普在美国崭露头角。我读他的书《交易的艺术》时，它开宗明义的第一句话给我留下了深刻印象。特朗普拥有富可敌国的财富，或许有人会说他是贪婪的偶像，他以这么一句平实的话开始本书："我不是为了钱而做它。"

这句话让我震撼，如果说有人是出于不顾一切的欲望追逐金钱，那么此人非特朗普莫属，但正如他所解释的，赚钱并不能点燃他的激情，交易才是让他动心的原因。对他而言，交易是一种艺术，能让他把才华和技巧发挥得淋漓尽致。在他看来，运用各种机会达成交易为他带来满足与愉悦，而财富只是活动造就的结果。

特朗普了解通过生产所得的成就感，比光是由生产所得的利润更叫人满足。

一九七二年，不丹的第四任国王创造了一个风靡全球的词：国民幸福指数（Gross National Happiness），不丹国王说，衡量一个国家是否伟大，真正的标准应该是国民幸福指数（GNH），而非国民生产总值。

经济的蓬勃发展，使中国产生了数以百万计的百万富翁，数量仅次于美国和日本，中国亿万富翁的数量也仅次于美国。最近研究发现，中国目前有四百一十二名亿万富翁，比接下来六个国家的富翁人数总和都高，但中国在国民幸福指数上，仅名列第八十二位。

中国大陆的财富虽然增长很快，却并没有带来整体的幸福指数的提升。这也印证了南加州大学经济学教授理查德·伊斯特林所做的研究结果，这项研究发现，国家虽然更富有，但国民并没有感觉更幸福，这个现象被称为“伊斯特林悖论”（Easterlin Paradox）。

在华人世界中，成就通常与金钱密不可分，因而金钱被误会成和幸福的关系也同样紧密，中国人往往会认为钱越多，幸福的指数就越高。由于华人世界的特质，让钱与成就的正面感受混为一谈。

在美国，“money（金钱）”这个词也用来表达感谢、欣赏，例如在人们看到他们非常喜欢的事物，或者体验到特别愉快的经验时，他们常会说：“老兄，that's money!”

除了数千年来，哲人和精神领袖不断告诉我们的箴言外，我们现在也有了科学的证据，知道拥有更多的金钱并不代表就能获得更多的幸福。然而，社会的主流观念，依然以为越繁荣成功，就能带来越多的幸福。在我们继续讨论前，必须先走出这种思维的误区。

你也很可能像大部分人一样抱持这种想法，即使你在理智上知道钱更多不一定会让你更幸福，但这念头还是在心底挥之不去，以为钱可以解决一切问题。

其实，对有些人来说，正好相反。

一项研究发现，拥有巨大财富的人中，每十个就有一个会变得比较不幸福。我认识一名在短时间内赚得大笔财富的妇女，她告诉我："有钱并不能解决我所有的问题——它只解决了一个问题：缺钱。坦白说，有时有这么多钱还真是讨厌极了！"

行为经济学这门迅速成长的学问，或许可以让我们了解为什么有些人有钱后反倒不幸福。

行为经济学家发现，人类对失去的感受远比对获得的感受更深。假设你心里有一把衡量满足程度的尺，想象尺上的指针设在零点——中性的刻度上；如果你在地上捡到二十美元，你的满足尺度上的指针可能会往右摆，达到正十的程度。但若你掉了二十美元，你的满足尺度指针可能会往左摆到负二十，甚至更多！

得到二十美元给你带来的愉悦，远不及损失二十美元给你带来的沮丧感更多。金钱额度虽然一样，但你是得或是失，情绪感受却大不相同。

职业棒球赛洛杉矶道奇队名转播员文森·史考利也曾以运动为例，精妙地阐述过行为经济学的这个心理，他说："输球的不快远甚于赢球给你带来的喜悦。"

当人赚得或继承大笔金钱时，他们往往就会开始害怕失去现有的财富，不敢面对这种痛苦。

不妨这样想，站在高梯底层的人，对摔落到地面上，只有一点点的恐惧，因为其间的距离很短，由这样的高度摔下致残的概率非常低。

因此缺钱的人对于失去自己微薄的财产，并不那么在乎。正如俗语说的：“死猪不怕开水烫。”但爬上十五米高阶梯的人，对于摔落地面，就会有很深的恐惧感。

若你能了解人们对损失的体会远比对获得的体会更深，而且越有钱的人，就越有可能会蒙受损失，那么就不难明白为什么钱越多反倒会让有些人觉得越不幸福。

除此之外，还有其他因素，让富有的人感觉幸福指数不高。

有些人家庭关系可能会变得一团糟，导致失落和孤立。我曾听到好莱坞巨星艾迪·墨菲感叹，自他有钱有名后，雇请了所有的亲友为他工作，变成他们的雇主后，他与亲友之间的关系就彻底变味了。他惋惜亲友都不再像他还是小喜剧演员时，会对他说心里的话。

财富的大幅增加，还会使我们恐惧其他人会夺走手中的财富。想想那只拥有玩具的猴子，面对其他猴子的觊觎，内心得承受多大压力；它们必须时时警戒担心，以免其他猴子偷走玩具。

还有另一个原因，会降低富豪们的幸福指数。大量增加的财富或收入，可能会给他们内心造成压力，觉得自己不配拥有这么多的财富，因此感到忧心焦虑。

这种担心的感觉，可能使得他们以负面的方式对待别人，亲戚、朋友和同事则可能会产生误解，以为这些人富有之后就自以为是，其实却正好相反，财富唤起了他们潜藏的忐忑。

盖伊·亨迪克斯在《大跳跃》（*The Big Leap*）一书中提到，每一个人都有他所谓的“上限开关”（Upper Limit switch），每当我们感受到收入大幅增加，或者在生活中发生其他重要的事，开关就会启动，让我们变得焦虑不安；因此我们往往会创造问题，以舒缓这种因内心自卑和“配不上”心理造成的紧张。

这是否意味着我们不能变得富有、不能幸福？我们是否注定就像希腊神话中的米达斯国王（King Midas）一样，虽然获得了碰触一切都会变成黄金的能力，却因为只要一碰食物它们就化为金属，结果只能饿死？

我不认为如此。其实，**同时拥有财富和幸福是有秘诀的。**

《全球幸福指数报告》中说：“在物质和精神发展齐头并进、相辅相成时，人类社会的幸福发展才会发生。”可以想见，中国目前快速的繁荣发展导致了精神上的真空。2006年3月9日《基督教科学箴言报》的一篇报道中说：“随着中国日益富有的现实，民众转而对精神生活有了更高的追求。”

不要把精神和宗教混为一谈，宗教和精神的意义未必总是相同。

宗教可能是排外的，而精神却是内涵的，许多研究显示，**能够追求内在精神联结的人，也就是了解万物归一、彼此相互联结**

的人，不论薪水高低，往往都比较幸福。

要是我的中文再好一点，我就会问那位请我吃午餐、富有却不幸福的主人，他由生意中获得多少精神和内心的满足，我会探究：他的努力让他觉得自己和其他人有多深的联结？

在我们的对话中，这人表现出对公司成长的莫大骄傲，但我却并没有听他提到公司对公众的正面影响，以及给顾客及员工的生活带来什么助益。要是我们能够开诚布公地长谈，我就会鼓励他为自己和公司找出更深的意义——能够给他人带来什么“好处”。

我会请这位创业家，不要把焦点只放在成长和获利上，而应退后一步，看看公司的产品和它所提供的服务如何能改善顾客的生活，并立刻把这点和获利一同视为最该达到的目标。此外，我还会建议他更深入思索，他的公司怎么才能作为改善员工生活的孵化器。

一位美籍华人就是以员工生活为他的优先要务，结果建立起成长最快速的中国餐厅连锁店。“熊猫快餐”（Panda Express）创办人陈振昌当年就立志不仅要建立全美的高质量中餐连锁店，而且要在这一过程中改善其员工的生活。“熊猫快餐”的使命是：“凭借员工要改善自己生活的动力，来提供绝佳的亚洲餐饮经验。”

陈振昌的这个目标有什么效果？在竞争激烈的美国快餐市场才三十多年，“熊猫快餐”已经由加州帕萨迪纳的一家店，发展为全美三十八州一千三百二十一家店，总收入几乎是它接下来两个竞争者总和的三倍，成为与星巴克齐名的中式快餐连锁品牌。《今日美国报》报道，“熊猫快餐”每周都有三家以上的新店开幕！

几年前，我在陈振昌的一家连锁餐厅和他聊了一下。这个人也极其富有，但他却似乎满怀幸福，因为他的重心除了公司的成长和利润外，还着力于改善员工的生活；除了拥有外在的财富，他也享受了内心的富足。

有一则关于印度年轻王子乔答摩·悉达多的古老故事，传说这位王子擅长射箭，斩获了每个比赛的冠军，赢得的奖牌挂满了宫殿的墙壁。

一个年轻人因一再地输给王子，气馁之余把弓扔在地上，请求王子告诉他每一次都获胜的秘诀。

王子露出同情的微笑，轻声回答说：“我瞄准的是目标。”

“我瞄准的也是目标。”对方气愤地说。

“不。”王子说，“你瞄准的是奖牌，因此你错过了目标。我瞄准的是目标，因此我赢得了奖牌。”

悉达多王子就是后来的佛陀释迦牟尼。

专注于你神圣的目标上，就能享受到你所得的报偿，甚至还能增加这些报偿。如果光是专注在报酬上，那么永远都会觉得不

满足和匮乏。

人类追求更多的欲望，就像注水筛网一样，即使用全世界汪洋大海的水，也永远填不满。我最近刚参加了一场研讨会，全美国最知名的演讲人齐聚一堂，各自提出他们对成功这个主题的观点。

知名喜剧演员比尔·科斯比是当天压轴的演讲人。主持众多人气电视节目、也出版了十余本畅销书的科斯比，穿着轻松的灰色运动衫和网球鞋走上舞台；他对着近两万名听众展现他的招牌笑容，这位据说是全美第六富有的非裔美国人身家近五亿美元，他说了一句非常精彩的开场白。

他环顾四周热情的听众，静静地说：“钱永远不会够。”

我们得到的越多，想要的就越多。印度圣典《博伽瓦谭》中说：**“欲望绝不可能因一再地享受欲望而浇熄，就像在火上浇油灭火，欲望只会因此而更炽烈。”**

这段前言是由我在中国遇见的一位富翁开始，在中国，还有另一个层面不利于富有的人。中国文化是基于儒家思想，看重整个社会的需要，而非个人的需要。亚洲大部分地区忽视、排斥个人主义，有句俗语“枪打出头鸟”，就说明了这种观点。

在我访问中国期间，一名翻译问了我许多关于美国超级英雄的问题。因我是看《美国队长》《蝙蝠侠》《超人》《蜘蛛侠》等电影长大的，我们很热切地聊起这个话题。

聊了许久之后，我说："换你谈谈中国的超级英雄了。"

"很难找出具体的某个形象。"她答道。

"不可能！"我说，"总会有一些中国的超级英雄。"

"很抱歉。"她回答，"在美国，个人受到颂扬，因此凌驾众人之上的超级英雄会如此受推崇，但在中国，凌驾于他人之上的人往往会遭责备。"

前英国《金融时报》记者詹姆斯·金奇在《中国震撼世界》一书中，谈到他在二十世纪六十年代赴中国的经验。当时他看到人人都穿黑或白色的服装，因为没有人想要凸显自己。十多年过去，他注意到一个微妙的变化，各式各样颜色和款式的服装渐渐多了起来；如今人人都穿能代表自己品位和个性的颜色。

不论是中国人、美国人，或者任何国家的人，只要财富一增加，他们的生活形态就会使他们脱离原本的亲友圈子。而由于和其他人建立的联结关系能够加强幸福感，因此对这些人的幸福感就会造成威胁。

如果你希望幸福，第一步就是要真正地了解不论你是否已衣食无忧，你还是会希望有更多的钱，但赚取来的钱财并不会对应地增加你的幸福感。大卫·格芬（曾是好莱坞"梦工厂"三巨头之一，是全球娱乐业最富有的人）说得好："以为钱会让你幸福的人，其实都没有钱。"

特别提醒：即使你了解到幸福和金钱并不相同，还是会有力

量想要让你把这两者混为一谈。

例如各种天花乱坠的广告。

广告中买了新车的人，总是喜笑颜开地显得很幸福，它所代表的信息就是：新车就等于幸福，而车子越昂贵，幸福指数就越高。提升幸福的承诺是非常有力的操纵工具，因此你必须提高警觉。

美国商业杂志《快速公司》（*Fast Company*）的一篇文章引用了贝勒大学营销教授詹姆斯·罗伯特的话："研究结果十分清楚，你越看重物质，就越不幸福。幸福来自于我们对别人的爱和归属感，但广告界却告诉我们，幸福来自于购物中心。"

美国记者乔治·洛里默曾写道："有钱去买能买得到的东西当然不错，但是不丢失用金钱买不到的东西更好。"

既然我们已经澄清拥有金钱不等于拥有幸福，现在就让我们来提升金钱买不到的最珍贵的物品——你的幸福指数！

HAPPY THIS YEAR!

你可以幸福！

第一章
思维

幸福的生活所需不多；它存在你自身，在于你的思维。

——马可·奥勒留（古罗马皇帝）

快乐的第一步

大脑其实很小，重仅约一点三五公斤，但大脑的思维却掌控全身的动作，导引人生的旅途。大脑和身体的关系，可以比喻为体重仅八十公斤的飞行员驾驶重达十万公斤的喷射机；飞机虽然沉重，力量强大，但却只会按飞行员导引的方向飞行。

要想有安全和平顺的飞行，离不开杰出的飞行员。**同理，要想拥有幸福的生活，幸福的思维方法不可或缺。**

没有幸福的心态就不会幸福，要想幸福指数更高且更持久，必须改变自己的思维方法，让它和幸福的人有一致的想法。

幸福是相对、主观的，正因为如此，我们可以改变思维，通过心灵的觉醒，提升我们的幸福设定点。

我以前住在南卡罗来纳州，以挨家挨户推销保险为生。我常往返康威和瑟夫赛德海滩之间的五四四号公路拜访客户。

一天我看到这条忙碌的公路旁插了一块纸板，上面草草地写了几个字："要是你感觉幸福，就按喇叭。"我发现只要我驶过这个地方，按几声喇叭，我的幸福指数就会增加 。

难道这块牌子能神奇地赐予我更多的幸福？不。我的幸福指数之所以提升，是因为我开始关注自身的幸福。

这个改变发生在我心里。**幸福与否并不只是心理状态，而是心理评估。**佛教《法句经》开宗明义的第一句话，就说明心智和觉察之间的关系："诸法意先导。"也就是说，**思维置于所有的想法前，而幸福的思维就会带来幸福的想法。**

思维的力量朝两个方向流动，向外流出，并且向内接受。你的心灵送出你期望体验的事物，然后再回报究竟发生的是什么。

通往永续的幸福之路在于刻意地掌控我们的思想，并且更着重流出去的思维，而非流进来的想法。也就是说，送出象征你想要过幸福生活的想法，而非安于你现在所体验的事物。

到头来，现实会赶上你的幸福思维——你会活在你所想象的正面世界之中。你的想法会由正面的输入启发，和你的正面输出混合，理想的生活成了习惯，而这一过程则会自动自发，永久持续。

回到你有预设幸福指数的观念，这个幸福指数就是整体幸福的平均值，通过思维，可以一方面增加幸福的平均值，一方面缩短你人生失意低潮的时间，提高并且延长你较高幸福指数的时间，激发幸福在人生中的蝴蝶效应。

幸福是最好的维他命

著作等身的古罗马哲人普布利柳斯·西鲁斯曾写道："认为自己不幸福的人，就一定不会幸福。"一如先前所述："幸福与否并不只是心理状态，而是心理评估。"

和幸福的人谈话，我发现毫无例外的，他们都认定自己幸福。

幸福是有意识的选择，是描述自己的方式，而当你说自己幸福时，就会开始找到自己幸福的证据。

我最近在中国演讲的旅途中，住进一间酒店，附属的健身俱乐部正在整修。我下楼去问前台有没有其他地方可以运动，前台告诉我，酒店已经和附近的健身中心做了安排，酒店健身俱乐部的员工会陪我过去。

对于陪我过去的这名年轻人，我首先注意到的是他灿烂的笑容。我在中国见到许多幸福的人，但这人却全身都洋溢着幸福的气息。

由于常常需要与外商接洽，因此许多中国人为了沟通顺畅，取了欧美名字。我在中国就碰到过几个“乔治”，几个“布兰达”，还有一些人叫“约翰”等，他们在工作或生意上，采用了欧美人常用的名字。

有时候，或许为求与众不同，或因为对西方名字缺乏了解，有些中国人会采用一些不寻常的名字；例如帮我头两本中文版书籍设计封面的才女叫自己为“苹果”（apple），我在美国从没见过有人用苹果为名，不过她惊人的才华、美丽的笑容和充沛的活力，让我难忘。

这名健身俱乐部的年轻人选了一个欧美常用词当名字，但就像苹果一样，我也从未碰到以其为名的人。他的姓是涂（Tu），而他选的英文名是“幸福”（Happy），因此合起来就是涂幸福（Happy Tu）。

在西方，我们问人是否愿意做某事时，对方可能会回答，“我很乐意（I'm Happy to）”来表达热切的意愿，因此这人在不知不觉拼凑出“乐于服务”的名字（I'm happy to 和 I'm happy Tu 发音一致），每当有来自英语国家的人见到他，他们就会认定涂幸福这个人应该会快乐、亲切、友善。因此，他周身散发着这些正向的能量。

这个人给自己取名为幸福，因此也名副其实地展现出幸福的特质，而其他人又以这样的态度回应他。

你是幸福的人吗？你是否会说自己是幸福的人？如果你名叫“幸福”，是否名副其实？

如果你现在说：“我是个幸福的人。”会有什么感觉？试试看。大声说：“我很幸福。”如果你觉得很自然，十分符合，那么你已经有个很好的开始，因为你具备了稳固的幸福基础。但如果你像大部分人一样，感到有一些阻力，那么我们就要消除这些阻力。**因为，你越能说服自己幸福，你就越幸福。**

只要在心里一遍又一遍地想：“我幸福。”“我幸福。”“我幸福。”就能让你开始感觉幸福。这种做法能产生效果的一个原因，是借着一再重复肯定你幸福，你的心终究会想：“所以我幸福对吧？为什么我幸福？”这个问题接着会让你想到在你生活中顺利进行的事物，而非经常盘踞心头的一堆挑战，因此你觉得自己比较幸福。

小心别说“我想要幸福”。在你说“我想要幸福”的时候，就等于已经肯定自己并不幸福。不妨这样想，如果你想要什么，就表示你没有什么。因为幸福是一种心理的评估，这样想就等于把它驱逐出你的领地。

记得幸福指数是由一到十连续不绝的，虽然我们全都会有一路降到一的时候（非常不幸福），但我们总会走出低潮期；当你评估幸福指数时，可以选择因自己远低于十而心怀怨恨，抑或远高于一而心存感激。**承认你自己多么幸福，而非责难自己深陷困**

境，将会提升你对幸福的觉知和感受。

“且慢！”你或许会想，“我以为你要教我如何获得幸福，但现在却教我自欺欺人，以为自己已经很幸福。”

对这个问题，我的回答是：“别急，它们殊途同归，并不矛盾。”

自欺欺人的定义是“全心全意地听从一个明知是错误的信念，把它当作真理”。而幸或不幸在很多时候都是心理慰藉——我们的心灵跟随它、接受它，并把它当作真实的。

你对自己幸福指数的衡量，在许多方面都是由你自己决定，和你的境况无多少关联。处在相同境况的两人可以说服自己，让自己相信幸或不幸。其实两人处境完全相同，唯一的不同是他们的想法。

在莎士比亚的《哈姆雷特》第二幕第二景中，哈姆雷特对罗森·格兰兹说：“世上的事情本来没有善恶，都是各人的思想把它们分别出来的。”**你的思想是有能量的，最终会形塑你的命运，如果你认为自己幸福，你就幸福。**

如果你说：“我很幸福。”你就会开始感受到幸福，并且表现出幸福，世界就会把它反映给你，而这将更增加你的幸福感。但若你说：“我想要幸福。”那么你就是表明自己在幸福这方面有所匮乏，幸福就会逃避你。

尽量坚定地告诉自己：“我很幸福。”在你开车、整理家务或淋浴时都这样冥想，尤其在你睡意渐浓准备上床时，更要一再地与内心对话。潜意识从不休息，只可惜大部分人夜里躺在床上，脑海里想的都是这一天的不快，甚至更糟的是，想象次日可能发生的悲惨或可怕的景象。

我们夜复一夜地这样做，然后疑惑为什么自己不幸福。这就像把已经腐坏的食物放进炖锅，让它细火慢炖八小时，然后疑惑做出来的餐点怎么这么难以下咽。

世界级的激励大师韦恩·戴尔在《美梦成真》（*Wishes Fulfilled*）一书中，引用了二十世纪形而上学学者纳维尔·高达德的话："不论你入睡时意识里想的是什么，它都是衡量你在三分之二人世生命所表达的尺度。"若你在身体休息但心灵继续"小火慢炖"的三分之一人生睡眠时间，肯定自己的幸福，你必然可以体验到更大的幸福。

戴尔写道："在入睡前，你可以设定潜意识自动呈现美梦成真的状态。"如果你的愿望是要更幸福，那么设定潜意识相信你已经幸福，并且在一天中时时提醒自己这个念头，告诉自己"我很幸福！""我是个幸福的人！"

当你和人打招呼，对方问："你好吗？"时，不要用那习以为常的反应"我很好！"而改用"我很幸福！"注意这会如何增加你的幸福指数，并且注意其他人听到你的回答时，会回应你以多么灿烂的微笑。

二十世纪最伟大的心灵导师之一戴尔·卡耐基写道："记住，幸福并不是看你是谁或者你拥有什么，它完全取决于你怎么想。"要是你觉得自己幸福，要是你定义自己幸福，你就幸福。

掌控你的心灵空间

内在小孩、自我（ego）、独立的我、内心的声音——不论你怎么称呼，感受到的都是内在的喋喋不休，它们在质疑你的能力和价值。这声音可能不怀好意地告诉你，你不值得幸福，你没有成功的本事，你缺少魅力，你天生就是坏坯子，还有其他种种伤害你的负面想法。这残酷的批评声音在你脑海里不受阻碍、销蚀你的意志之际，你就不能真正地拥抱幸福。

每一个人内心都有这种负面的声音，而它可能非常残酷；它尤其擅长限制你的幸福，因为：

- 它知道你所有的缺点，以及你曾经有过的失败。
- 它来自你自己的脑海，听起来就像你自己的口气，因此你会相信它。

你所听到的这个负面声音其实不是你，而是来自于他人和外界所灌输的；你所相信的、关于自己的负面想法，其力量会因你的深信而变得越来越强。

由于幸福是思想的结晶，因此如果有负面的声音在你的脑海里像蜜蜂一样不断地反复“蛊惑”，很难让你觉得幸福，更何况你误以为它是你自己的声音，所以很难不理睬。

把你的脑海想象成一个家，你并不是一个人独居，你和一个叫作“自我”的鲁莽室友共享这个空间，它总会发出一些关于你和其他人的评断和负面言论。

每当我想到内在自我，总爱把它想象成一个影像。

约翰尼·诺克斯维尔在《黑衣人 2》中，扮演名叫史奎德（Scrad）的角色。史奎德是个年轻人，成天都得忍受在他肩膀多出来的如长蛇颈般的第二个头——发出的无休无止的评论。不论史奎德在做什么，那第二个头都有话要说，而且通常是讽刺和负面的言语。两个头所说的永远意见相悖，但又都很有道理，可见，面对内在自我的挑战就是——它听来就像无法分割的“另一个我”。

要驱除这个恶魔，你必须把它和你分离，让它露出真面目。当负面或限制自己的想法一出现，你就回应以最真实的想法和决策，并在脑海中重述，这能让你轻而易举地驳斥它。

你可以选用任何一种与众不同的声音——越惹人讨厌越好。

你可考虑采用米老鼠或唐老鸭、巴特·辛普森（动画片《辛普森一家》中的男孩角色）或超人、怪物史瑞克，谁的声音都好，只要选一种确定不是你的声音，让你能轻易地驱散负面情绪。每当你对自己产生负面想法时，就用你所选择的声音在脑海中播放一遍；更好的做法是，用你所选择的声音，大声地说出来。

在《征服你爱挑剔的内在声音》（*Conquer your Critical Inner Voice*）这本精彩之作中，作者们表示，**要克服纠缠你心灵的负面“野兽”，关键在于当它提出不满、悲观、伤害和局限的想法时，就驳斥它。**

当挑剔你的内心声音开始攻击你、让你变得惊慌失措时，就提出证据予以反击。例如当你做好准备要出门赴宴，觉得有点焦虑之时，你的内在自我可能会说些不中听的话：“你会感到紧张是因为你很笨拙，不擅长交际。”

把这个自我的声音辨识出来，想象这段话出自于巴特·辛普森之口，大声地以他的声音和口气说出这个想法。

用你最像辛普森的声音大声说：“兄弟！你在宴会上是个怪物。”

沉着、清楚并且权威地回应：“任何人刚和其他人聚会时，都会觉得不自在；因此大家才会喝酒，好让自己放松。我不是怪物，和其他人一样，只要花点时间，和大家打成一片，我很快就会感受到乐趣。”

这个技巧不但能立刻见效，而且影响深远，久而久之，你内心里的批评声音就会被辨识、分离，并且驳斥，因此它对你的攻击会越来越少。你已经觉知到它，因此它的攻击次数和严重性都会降低，就算它不会完全消失，也会大幅减弱。

库林·何涛尔（美国箴言警句作家）曾写道："自我是我们沉默的伴侣……它常常有掌控一切的兴趣。"自我的力量来自于它隐藏在我们脑海的阴影，在那里，它显得更大更重要，而且也对我们的幸福产生了影响。意识到你的负面自我的存在，就能使我们将它扫到一旁，并借此提升幸福的指数。

驯服你的想法

到目前为止，你受到鼓励，要承认自己是个幸福的人，并且主动摆脱旧的自我。然而你可能会发现，引导想法比你想象的更难；其实驯服你的心灵，让它朝你选择的方向前进，而非失控地四处乱跑，是有可能的。

举世知名的驯马师蒙蒂·罗伯茨曾协助成千上万的马主驯服他们桀骜不驯的马，让它们成为温驯而训练精良的马术伙伴，他的方法就是用马的语言进入马的世界。

首先，罗伯茨把“青涩”的未经训练的马儿关进大的圆形马栏，然后接近它，如果马儿摆出威胁不听话的姿态，例如转过身来准备踢人，罗伯茨就把负重绳索中较重的那端抛向马儿的臀部，把它赶开；朝体重达五百多公斤的马儿抛一圈绳索并不会造成什么伤害，但足以惊吓马儿奔逃。

接着罗伯茨把绳子收起，再朝马儿的臀部抛去，逼得马儿在圆栅栏之间绕圈。等马儿低下头来开始舔嘴唇、摆出屈服和尊敬的姿态时，罗伯茨就伸出手臂，邀请马儿过来，如果马儿畏缩不前，或是摆出侵略姿态，罗伯茨就再丢绳子，重复这个过程，直到马儿摆出情愿驯服的姿态。

目前，你的大脑可能就像一匹未驯服甚至狂暴的马，没办法让你的思绪朝你想要的方向前进。其实这并不难，只要你愿意付出一点努力，就能驾驭你的内在情绪。

让我们想想本书前言中所提的《全球幸福指数报告》，报告中说：“在物质和精神发展齐头并进、相辅相成时，人类社会的幸福发展才会发生。”

若你去研究那些伟大的精神导师，就会明白他们都有一个共同点：喜欢沉思冥想。耶稣经常到旷野之中静坐沉思，我们也很难找到佛陀不是在静坐沉思的像。

如今，就连企业也接纳沉思冥想的力量，Google（谷歌）为旗下三万名员工提供免费的沉思课程，并在公司里提供冥想室。

接下来的冥想练习不仅能让你掌控你的思想，也能启发你的灵性觉醒，两者都可以造成更高且更持久的幸福感。

找一段至少十分钟不会被打扰的时间，最好是起床时，可以沉思的时间越长越好，这一行为会对幸福感有非常强烈的影响。

沉思练习

舒服地挺直腰杆坐好，把手放在膝上，掌心向上，把右手的拇指和食指靠拢，左手保持张开。

缓缓深呼吸三次，在第三次吐气时，轻轻闭上眼睛。

专注、深沉、有韵律地用鼻子吸气和呼气，把全身心专注在呼吸上。注意呼与吸时所发出的声音，体会空气在上唇移动的感受，感觉腹部随呼吸上下起伏。把焦点放在呼吸上。

在专注思索呼吸的过程时，用手指头记录呼吸了几次。如果你能在只思索呼吸的时候完成一次完整的呼吸，就把右手拇指移到中指上，如果在只思索呼吸的过程中，完成第二次呼吸，就把右手拇指移到无名指上，接下来则移到小指上。这样的做法能记录成功的次数，也让你能在自己想专注的地方停留更久。

在你的心思完全专注于呼吸之时，如果连续完成四次呼吸，就把你的右手张开，换成由左手记录你的呼吸次数，把左手大拇指依次搭在食指、中指、无名指、小指上，然后再回到用右手记录进展，这回跳过右食指，用拇指碰触中指，然后无名指，以此类推，然后再换左手。

任何时候，只要你的心思飘走，就得重头开始，用右拇指碰触食指，开始计算呼吸次数。

当其他的思绪飘进脑海，把它们放到你所选择的分类格，你可以看到脑海是如何运作的，而也会看到你所想的一切只会落进某些分类格中。

例如你专注于呼吸时，突然涌现了这样的念头："今天要买色拉。"这是"待办事项"的念头，你只要默默地说："这是'待办事项'。"然后放下这个念头。接着捕捉你的其他念头，把它分门别类，然后专心于呼吸上。

你的心思可能会像野马开始躁动，把一些念头串在一起，例如，我去商店里买色拉的时候，也该买几个刀片……不知道为什么刀片会这么贵……说到钱，我不知道户头里还有多少钱……

这种情况发生时，把每一个念头都分门别类，然后重新开始，用右手拇指碰触食指来记录呼吸次数。

要控制大脑，首先得让大脑平静。自我知道这一点，而它会尽一切可能阻挠你的努力。自我就像野马一样，想要让你知道它

才是主导者，因此它会把任何它可以支配的一切抛向你，让你从沉思冥想中分心。

我每天做这样的沉思，已经三年了，我发现在我沉思时想要让我分心的思绪，有九成以上都逃不脱这三个范畴：

- 待办事项的思绪
- 自我批评的思绪
- 意图教导的思绪——经由写作和演讲和大家分享的想法

我发现“待办事项”的思绪，往往是我的自我最先想要阻止我停止沉思、将我推入焦虑中的大敌。

如果我不肯听从，继续我的沉思，自我就会开始人身攻击，说些负面甚至中伤的言语。这些思绪同样也是想要让我中断沉思，而开始对这些内心的辩论展开自我防卫。

如果这两个伎俩都发挥不了作用，自我就会用我所谓的“意图教导的思绪”来引诱我——我试图用来协助其他人的想法。这些想法虽然看起来有益，但其实依旧是让我中断沉思的圈套。自我知道我们经由沉思，能培养出请它“走路”的能力，因此它十分冷酷无情地阻止我们运用这有力的技巧来掌控内心世界。

就像蒙蒂·罗伯茨驱赶重达五百公斤的马儿，直到它准备听话为止，我们也可以通过沉思冥想来驱赶看似凶猛而庞大的自我，直到它听从我们的指挥为止。

你的大脑喜欢一心多用，而这正是“不专心”的同义词。静静地长时间坐着，只专心呼吸，需要莫大的耐心和不断的练习。自我会告诉你这很无聊而且冗长，的确这无法避免——但这不是重点！你在训练大脑借着把注意力放在呼吸上，做你要它做的事，也就是说，你要把注意力由其他的事物上移开。你在和你的自我角力，争取控制权。你在把自我往后推，以便能够掌控你的大脑。

当你开始练习沉思冥想之时，要想到抵抗的力量。知名的灵性大师帕拉玛罕撒·尤迦南达（瑜伽之父）曾写道：“灵魂喜爱沉思，因为它最大的欢喜来自于和精神的接触。因此若你在沉思冥想时，感觉到心理上的抗拒，就该记住，你之所以不情愿沉思，是由于你的自我阻碍；它和你的灵魂无关。”

如果你能让自己保持每天如此，最理想的情况是将每一次冥想的时间延长到三十分钟，你就能体验到，一整天你的思绪将充盈新的力量。在你的自我不请自来不断批评时，你能不理会它所说的话，专注于你想要专注的事物。

当你头一次以这种方式驱散你的负面自我时，会有不可置信的感受，就仿佛你终于在负面的内心噪声中，找到了“静音”的按键。这个做法的另一个好处是，可以大幅提升你的幸福指数。由于你一再地练习接受思想，并把它分门别类，因此你的专注力会大幅提高。

例如，想象你的子女走来，兴奋地和你谈论今天学校发生的事。过去你的思绪可能飘往你等一下要做的事，但现在你的心智已经得到锤炼，让你轻而易举地挪开待办事项的思绪，专心在你的孩子身上。

除了掌握你的思绪，学会把它们分门别类，光是沉思冥想这个动作就能提升你的幸福指数。各式各样的研究发现，沉思冥想能把内啡肽释入血流，而内啡肽就是人体天然制造的吗啡——由脑下垂体分泌，能大幅提升愉悦的情绪。

精神方面的真实自我永远处于幸福的领域，沉思冥想的精神练习将协助你把以自我为基础的人类生活和你本质的精神生活区分开来。作家兼灵性导师拉姆·达斯曾说："灵性的练习让我们由认同自我改为认同灵魂。"

自我是以恐惧为基础，而恐惧会否定幸福。要选择幸福的思维，首先必须培养使负面自我保持静默、选择你要想什么的能力，而这个日常的沉思练习就能给你这股力量。

让小丑进场

有时候其他人——尤其是你最亲近的人，仿佛刻意要想办法和你作对。

我们常常原本很幸福，直到碰上某些无理取闹的人，结果事情就一发不可收拾。我们发现自己在疑惑这个人是否一早起来就故意和我们捣蛋，惹恼我们，让我们的幸福指数剧降。当你下决心要做个幸福的人，必须要让你的思维超越其他人和他们的愚蠢行为，而要培养这样的技巧，不妨向北美原住民学习。

根据最早期的口述历史，大部分的北美原住民都有，而且许多到现在还继续拥有称为“神圣小丑”（Sacred Clowns）的人。拉科塔（Lakota）印地安人称之为“嘿优卡”（Heyoka），而在西南的普韦布洛（Pueblo）部落，祖尼族（Zunis）称之为“泥头”（Mudheads），霍皮族（Hopis）则称之为“哈诺”（Hano），阿帕切族（Apache）称之为“利巴耶”（Libaye），夏延族（Cheyenne）称之为“对立面”（Contraries）。

“神圣小丑”类似讨人厌的牛虻——他的任务是想方设法，故意制造混乱。

美洲原住民学者吉尔·尼可拉斯向我解释“神圣小丑”的角色：“神圣小丑的任务是和人捣蛋，他们每天早上起床后，唯一要做的事就是要破坏其他部族成员的生活，惹恼他们。在部族中，这是受人敬重的工作。”

在酷热难当的夏天，“神圣小丑”很可能穿上厚重的冬衣，一再向人抱怨这严寒的气温。

如果蒸汗屋仪式（美洲印地安人一种具有宗教意义的桑拿浴仪式）即将举行，而其内已经挤满了人，小丑可能会到部落里说，蒸汗屋还空空的，需要更多的人过去。印地安人一听，纷纷赶到蒸汗屋，结果屋里被大家挤得像沙丁鱼罐头。

“他们会使出浑身解数激怒人，借此让人们摆脱自满。”尼可拉斯说。

即使在今天，一年一度的日舞（Sun Dance）在南达科他州的圣地黑山举行之际，“神圣小丑”也会列席。在四天里，舞者在炙热的夏阳下表演祖先的舞步，不能进食或饮水；有些舞者用麋鹿的骨头刺穿自己的胸部，以这种古老的仪式来表达奉献，然后用绳子把自己紧紧绑在树上，骨头都由他们受伤的皮肤刺出。

正当观众满怀敬意地看舞者的奉献、隐忍之际，“神圣小丑”也开始准备进行他们在仪式中的角色。

第三天，当舞者都已经筋疲力尽、脱水、质疑自己对这仪式的诚意、打算放弃之际，穿着黑白两色的“神圣小丑”出现了，一心一意要捣乱。他们打扮的颜色类似中国的“阴阳”，象征在阴暗中存在光明，而在璀璨之中也存在阴影。就在舞者尽力维持他们的庄重平静时，小丑在一旁乱跳、骚扰，有些小丑故意面朝后方骑马绕圈，高声呐喊，让舞者分心。

有一年，几名“神圣小丑”在一次日舞仪式上跑来跑去，用大水枪喷得群众一身湿，他们竭尽所能地捣乱，任何事都可以被当作目标。

或许你以为“神圣小丑”不登大雅之堂的恶作剧，让已经筋疲力尽的舞者士气低落，削弱他们鼓起勇气和精力继续下去的决心，其实却正好相反。几年前，南达科他州松岭原住民保留区举行了一场日舞仪式，“神圣小丑”头一次不在场，而那一年也是头一次有几名舞者因热衰竭而被送医。

小丑不在场反而削弱了舞者的耐力。

美洲原住民认为，混乱的代理人“神圣小丑”是大神（the Great Spirit，印地安人之主神）最先创造的生物，而混沌是最先创造的事物，因为混沌是人类成长和发展所必要的元素。印度教和希腊神话两者都有共同的信仰，那就是在所有其他的创造之前，必然先有混沌。

“神圣小丑”是美洲原住民“圣三一”（Holy Trinity）中颇受尊重的要素，酋长是圣父，巫医是疗愈的神灵，而小丑则代表世俗的儿子，他傲慢的奇想和渴盼都不值一哂。

如果我们想到光是在生活条件恶劣的偏远疆土存活数千年需要多少毅力，就不免无法理解原住民部落特别指派某些成员，什么正事也不做，唯一的任务就是“和人捣蛋”的做法。更难解释的是，小丑古怪可笑的动作却被大家认为是神圣且必要的。

其实，“神圣小丑”有几个功能，包括：

让大家把重点放在当下。大脑总喜欢神游四海，但当挑战出现时，心灵就会回到此时此地，才能想出该采取什么行动，解决问题。

挑衅并强迫人们澄清自己的观点。再没有比有人向你提出挑战，更能让你发现并且全心接纳你所相信的事物。有些佛教僧侣有辩经的传统，和小和尚争论辩解佛教的基本教义；借着辩经，小和尚不得不探究教义的内在本质，更深入地了解它。

提醒人们挑战是人生的一部分，也是成长的必要过程。每天都会有新的挑战出现，而能克服越多的挑战，就能培养更多解决问题的能力。喜剧演员克里斯多福·提图斯曾经历痛苦的童年，父亲酗酒且爱动粗，母亲则有心理疾病，他曾说，像他这样经历艰苦岁月的人，更能面对问题和挑战，而受尽保护的人，则可能碰到小挫折就会受到伤害。

启发人们自我解嘲。越重灵性的人，就越少会受到外界的干扰。角度一改变，原本叫人烦恼气愤的事就会变得幽默有趣，负面能量被清除干净。

· 让人们不再以为其他人的行动是针对个人。“神圣小丑”按照传统的仪式，召唤出部落成员心中的魔鬼，他们骚扰人们，为的是要让人们看到自己的旧伤，以及可能一触即发的引爆点，提醒他们努力化解。

历史学者吉尔·尼可拉斯解释：“神圣小丑向你展现了你自己。”当“神圣小丑”惹恼你时，他不是针对你个人，而只是告诉你，你还需要更进一步培养自己静定平和的心态。“这就是为什么这些小丑叫‘神圣’，”尼可拉斯说，“因为他们在做神灵的工作，要澄清并治愈你的灵魂。”

2011年的感恩节，我应瑞德和安妮塔·布朗夫妇之邀，到松岭原住民保留区做客。这对夫妇是原住民拉科塔族人，两人都担任“神圣小丑”，或者按他们在部落中的称呼，是“嘿优卡”（Heyoka）。

瑞德平时轻声细语，活泼爱玩，他的身材很高壮，年约六十出头，有一双淘气的眼睛，以及因日晒显得黑红的脸庞。松岭保留区是全美最贫困的地区，平均收入不到美国政府贫穷标准的一半，但“嘿优卡”瑞德却显得无比平静，即便生活中面临着诸多挑战，他依旧感觉非常幸福。

我花了一些时间，才理解瑞德所扮演的“无赖”角色，和“神圣小丑”幕后的人建立起联结。在我待在布朗家的隔天，我按照仪式向瑞德奉上烟草，并问我能不能就“神圣小丑”的角色访问他，他接受我的礼物时，深深凝视我的眼睛，这意味着我们现在有神圣的盟约。我们要公开、诚实地对待彼此。

那天下午，我们坐在一起，面前的火炙烤着待会儿要移到蒸汗屋内、准备晚上蒸汗的石头。随着火势渐弱，太阳下沉之时，瑞德眺望着大草原说：**“其实我们在某个时刻都是神圣小丑。那些表面的疯狂，只是为了提醒我们，唤醒我们内在的灵性。”**我俩静静地坐着，我用心地思索着他的话语。

一只郊狼在远方嗥叫，瑞德吸了一口气，继续说：“白人围着餐桌而坐，抱怨当天发生在他们身上不公平的事，我们印地安人千百年来却一直坐在夜晚的营火之前，分享因为神圣小丑的嘲笑奚落，而让我们当天所学到的关于自己的教训。”

我们静静地坐着，我反复思索着瑞德的话，这让我对这些常常挑衅他人的扰乱者，有了新的体认。

“如果这些人只不过是想要唤醒我潜意识中需要疗愈的部分呢？”我疑惑地想，“要是这些人非但不是魔鬼，反而是天使，他们神圣的使命是协助我更有灵性呢？”

回到家后，我把这个发现告诉一位朋友，十多年来，她一直不停地向我抱怨同一位同事，一再地说她认为这位女同事做的一切都是故意针对她，要让她的生命更加可悲。我告诉她，这位同事说不定就是她的“神圣小丑”，如果她能以这个观点来看待，那么这同事所做的事就不再那么惹人厌。

“你觉得她哪一点讨厌？”我问她，“你需要在哪一方面努力、化解并且痊愈？”

当我的朋友思索同事对她造成的伤害，并且了解她烦恼的本质后，开始在工作上体验到新的平和和幸福。

要成为比较幸福的人，必须先明白你觉得其他人讨厌的部分，其实是你自己身上必须面对、解决和疗愈的事物。折磨你最厉害的人其实是你的导师，他们是你的“神圣小丑”。

把带给你麻烦的人当成“神圣小丑”，就能让你的态度由非难变为感谢。它解放你的心灵，让你感到自由而幸福。

一位朋友最近送我一个真正的美洲原住民“神圣小丑”克奇纳神（Kachina）木偶，它长了黑白色的角，一只脚站着，仿佛在跳舞，手里拿着响板，脸上则摆出露齿咆哮的神情，既有趣又吓人。“神圣小丑”木偶坐在书桌上，就在计算机显示器旁，在我和人说话时提醒我，例如当我和客服人员说话，而他们的态度让我不快时，我就会想到他们其实是我的“神圣小丑”，目的是要唤醒我。我的目标不是要和他们吵架，而是要感谢他们让我明白自己的本来面目，并且尽我所能让我的幸福感保持在最高的水平。

在结束这一章前，我想要和大家分享“嘿优卡”瑞德和我在蒸汗屋前谈话时，他的另一段珠玑之语。他说：“白人所谓的自我，其实不过就是内在的‘嘿优卡’，那是一个永不走开的神圣小丑，它时时向我们挑战，让我们能改进自己，和我们的‘大神’有更深的联结。”

在十九世纪初，西方各国扩张之际，美国政府经常送礼物给原住民，当作贿赂，以便拓荒者能安全通过。镜子就是经常送给印地安人做礼物的小饰品，而这些镜子最后往往落在部落的“神圣小丑”手中。

部落成员把他们收到的镜子送给“神圣小丑”，这有两个原因：

- “神圣小丑”的角色反映了部落整体的状态，他可以让人们清楚地看到哪些地方需要改进。
- 镜子反映出反面的影像。如果写下一些字，放在镜子前，就会看到它们倒了过来。“神圣小丑”经常以做或说和真相相反的事，来证明他们的观点。

自我就是“神圣小丑”，我们经常听见它告诉我们有关其他人和我们自己的负面事物，我们要么接受它的说法，要么反驳它，和它辩论。然而，要是我们记住自我就是“嘿优卡”或者镜中倒映的真相，我们就能改变它的评论，从而找到平和与幸福。

要是你的自我说“你不能做那个”，不妨把它推到一边，大声说：“你说得对，我可以轻而易举地完成。”要是它说“你很笨”，你要了解它其实在说这句话的镜中倒影，因此你可以回答说：“谢谢，你说得对，我很聪明。”

你有外在的“神圣小丑”，可以在不同时候。以不同面貌显现在你面前，作为你的家人、朋友、同事、公路上的其他驾驶人，甚至只是经过的路人。你同样也有内在的“神圣小丑”（你的自我），它会永远地尝试唤醒你。你会发现你越努力和你的内在“神圣小丑”合作，学会沉思冥想，那么你所遭遇的外在“神圣小丑”就会越少。

不过是一场游戏

去年我赴亚洲巡回演讲时，时时注意为智能手机充电，并不是因为在等重要的电话、做研究或发电子邮件。不，这是横扫全世界的一场“瘟疫”，而我也受到严重感染，康复无望。只要一有片刻闲暇，我就焦急地找手机，迫不及待地敲打屏幕。

不论我是在出租车或飞机上，甚至独自一人在餐厅用餐，都忙着用手机来解游戏之痒。

在一次特别长的演讲活动中，我注意到听众开始烦躁不安，因此我要他们全都站起来舒展片刻，然后回到座位上，和坐在附近的人分享他们在前两个小时所学到的东西。在他们这么做之际，我悄悄地溜回后台，摸索外套口袋，继续玩让我魂牵梦萦、消耗我许多时光的游戏。

我和举世逾一千一百万人一样，沉迷在一个新的闯关游戏中。朋友刚告诉我这个游戏时，我觉得它没什么吸引力，但等我忍不住下载之后，却完完全全沉迷其中。

这游戏就是《愤怒的小鸟》。

它玩起来非常简单，拉开弹弓，对着不怀好意的绿色卡通猪，射出一只鸟，而这就是这个游戏吸引人之处：玩起来虽然简单，却又复杂得叫人眼花缭乱。

在启动应用程序之后，欢迎画面就出现，玩家看到一些方格，每一个方格都代表一道关卡。玩家可以选择重玩先前的关卡，但除非完成目前所在的关卡，否则无法晋级。

在我刚到巡回演讲的第一站——中国时，我漫不经心地玩着这款游戏，等着过关。我过了一关又一关，但既可怕又叫人兴奋的事发生了。我来到了第十二关，完全无法想出方法晋级。

我试了所有前几关有效的方法，这游戏已经由打发时间的消遣，变成放不下的迷恋。就算我暂时停止游戏，大脑依旧在尝试想出破解之道，以便冲过这道难关。

晚上我躺在床上，发现自己总抑制不住地想去拿手机，准备

“再试最后一次”，结果却再也无法停止。我之前生活很有规律，睡眠充足，但《愤怒的小鸟》让我如醉如痴，不得不牺牲睡眠时间。

我一心一意只想要通过第十二关。我的伙伴和翻译都笑我的这种痴迷。有一次我在旅馆大厅，听到有人问：“威尔在哪里？”一个声音回答说：“可能躲在沙发里瞪着手机屏幕，想用爆炸的知更鸟宰掉绿色的猪。”

她说得没错，当时我正是这样。

当我的巡回演讲快要结束时，一天晚上我躺在旅馆床上——时间已经很晚了，我还拼命地在玩这游戏，想过艰难的第十二关。

我重复了先前已经试过好几百次的策略，不过这回我发射的弹弓角度一定有点不同，屏幕上最后一只小绿猪像汽球一样爆炸了。

“我成功了！”我对着空荡荡的房间大喊，“我终于做到了！”我兴奋莫名，禁不住想拨电话给远在美国的亲友，甚至还想跳起床，四处敲门告诉旅馆里的其他住客：“我终于过了煎熬的第十二关！”

幸好我及时停止，如果我真的这样做，别人可能会认为我彻底疯了，因此我把手机连上充电器，在温暖的光芒中沉沉入睡。

各位觉得我次日一早醒来，第一件事是做什么？

猜对了，我凭直觉伸手拿手机，当游戏的欢迎屏幕消失，我看到自己可以重访的关卡，不由得非常不屑地看着第十二关的按钮，因为我已经知道了通关的秘密。

我重新开始闯关，原本花了两星期还过不了的关卡，现在不到一分钟就轻而易举地通关。

游戏界面问我接下来想要玩哪一关，我自然毫不犹豫地选了第十三关，于是沉迷和狂热再度开始。

那天稍后，我沿着旅馆旁的河边漫步，思索自己为何对这个游戏如此沉迷，更重要的是，我对自己感到困惑，为什么我会因为过了难关而兴奋异常，却无法从我已经掌握技巧的关卡中获得一丝满足。

当我想要征服更难的新关卡时，我很兴奋、投入、渴望，即使我为这些挑战而挣扎，依旧感到幸福和满足。然而当我重新玩不再有任何难度的已通关卡时，却没有丝毫满足。

我明白这就是人生的本质。人总有个错误的信念，以为他们永远不想再面对下一个挑战，但幸福却大半来自面对并且征服挑战。

各位手中的这本书，早在我着手写作之前就已列好大纲、拟定架构，但我每天望着闪动的光标，它似乎在嘲弄我：“好，到现在为止一切顺利，但接下来呢？”在写作本书时，我感到幸福莫名，因为我有极高的热忱，和不断地牵引着我向前走的灵感。

在我写好一章又一章时，我由工作中得到极大的满足。每一个新的章节都让我有冲动望着光标，开始打字，我每晚躺在床上，因自己当天的写作成绩而自豪。我觉得无比满足，各位或许记得，我们对幸福的定义更接近于满足，而非喜悦。

我有个朋友，他工作生涯唯一的欲望，就是："赚足够的钱，让余生能躺在海滩上，什么也不做。"这个人才华洋溢，到目前为止，他努力致富，以便让余生能像浮木一样漂在海上。不过他这个"什么也不用做"的梦想尚未实现，而我也希望它永远不要实现。

每一次我们聊起来，他总热切地告诉我他又面对了什么样的新挑战。他认为如果不必征服这样的挑战，他的人生会更美好、更幸福。然而如果他真的什么也不用做，就会失去为他带来热忱和喜悦、榨出他每一点精力的创意力，而这一过程让他明白自己多么富有才华和能力。

有"激励之父"之称的演说家厄尔·南丁格尔曾说："追兔子的狗，比躺在门廊上昏昏欲睡的狗更幸福。"**这正是为什么我们不论收入高低和成功与否，总渴望得到更多的原因；得到更多，意味着施与更多，而施与更多，意味着会找出更多可给予的事物。**

为某件事物努力的行为让我们幸福，我们为了某个目标忙碌，能更深入发掘我们内在的能量。并不是捉到兔子让我们幸福，而是因为追逐的过程让我们感到满足。这也说明了为什么大部分不再创造新点子，也不再征服新挑战的富人，往往感觉不到幸福和满足。

盖伊·汉德瑞克在《大跳跃》中写道，我们每一个人都有他所谓的“天才区”（Zone of Genius），这是让我们在人生中发挥才华和能力的区域。汉德瑞克说，大部分人一辈子都置身于他所称的“卓越区”（Zone of Excellence）——一个能满足别人的区域，我们在这个区域里虽然有良好的表现，但却永远不能把自己发挥到淋漓尽致的地步。而幸福只存在于“天才区”。

就如我的一位朋友所说的：“幸福是从事联结我所有幸福点的工作。”也就是说，能够彻底让我们发挥技巧和才能的工作，最让人着迷。

在我想到天才一词之时，苹果计算机的创办人史蒂夫·乔布斯（Steve Jobs）立刻浮现脑海。我数十年前就读过乔布斯的传记，教我深深感动的是，不论多富有，他依旧不断地构思新创意，让科技能融入我们的生活。当然，在这过程中，他赚了不少钱，但那本书的书名《旅途本身就是收获》（*The Journey Is the Reward*）却彰显了他产品更崇高的目的。

乔布斯早在数十年前，就可以不用再工作，买个属于自己的小岛，舒舒服服地躺在海滩上，但他却依旧忙碌地生活，工作到人生尽头，这个世界因此变得更美好，而他的人生，也同样变得丰盛而圆满！

英文的 enthusiasm（热忱）一词来自于希腊词汇 entheos，意思是“内在的神”。面对新的难关，可以唤醒我们内在的神，而我们也因发掘自己先前蛰伏的资质而感到惊奇欢喜。

幸福并不是来自于逃避挑战，而是来自于面对并克服挑战。拥有幸福思维的一个关键，就在于抛开人生有朝一日终会达到圆满、不再有困难出现的念头。幸福来自于每天早上起床，期待要借着克服挑战，发现自己多么有才华，接着在晚上入睡时，因我们已经竭尽所能而感到满足。

幸福的人对人生艰难险阻的看法，与不幸福的人截然不同。

不幸福的人认为人生中的种种障碍，是宇宙在与他们作对，他们以为唯有在人生的困难止息后，他们才会幸福。当然这永远不可能发生，因此他们舍弃了幸福。

幸福的人用他们的思想重新架构，视困难为挑战。他们找出在困境中可以学习的地方，探究如何经历困难成长。

在本书的序论中，我谈到阿诺·施瓦辛格清楚地界定他想要的体格，而结果他也连获七次奥林匹亚先生的头衔，创下当时的世界纪录。

你灵魂的欲望就是成长，因此它提供机会给你，但机会的名字叫作挑战，为的是你可以征服它们。当你一个接一个地面对它们时，你会发现自己越来越坚强，于是你能迎接更大的新挑战；那些克服了的老问题，无法激起你的任何兴趣，就像已经打过的游戏关卡。正如精神病医师西奥多·鲁宾（著有《30天重整你的人际关系》）所说：“幸福并不是来自做简单的工作，而是来自我们发挥最高能力完成困难的工作后，所获得的愉悦和满足。”

不妨这样想：人生之所以如此建构，是要引出你的幸福。

我的意思是：每一天不是都有新的挑战吗？在你克服挑战后，不是会体验到幸福吗？因此，如果你改变自己的思维，期待能够“发挥自我”的挑战，就能享受人生这游戏的乐趣，从容面对越来越困难的关卡。

在困难冒出来时，不妨想想：“我迫不及待地想知道要怎么应付这个难题！”也就是说，与其因新挑战而生气、烦恼，不如把它当成由一关到另一关的必经之路，这才是人生的自然通途。如果你花些时间回顾人生，就会明白你一路走来都是如此，可以设想剩余的人生依然如此，最好能享受这个过程。

要做个真正幸福的人，你必须控制自己的想法，我说的是**你的想法，**因为它们属于你。除了你之外，没有人能掌控**你的想法。**

你的心是你生命的震中，一切都由你的思想开始，由这里发射震波到你称为“现实”之处。

加州大学心理学教授索尼亚·柳博米尔斯基在《幸福又如何》一书中写道：“你对自己、对世界和对其他人的想法，远比你人生的客观条件，更能影响你的幸福，这是不辩自明的真理。”

幸福摘要

· 当你认为自己幸福之时，你就幸福。

· 当你把自己的思维和你的自我分离之后，你就解放了自己，获得幸福。

· 当你掌控自己的思维之时，你就能选择想要幸福的念头。

· 当你不再责怪他人，而把他们当成“神圣小丑”，你就能释放怨恨，获得幸福。

· 当你接受自己永远得面对挑战的想法，了解它们之所以存在，是要让你能有所为、能够成长，你就找到了保持更高程度幸福的秘诀。

HAPPY
THIS
YEAR!

你可以幸福！

第二章

言语

我们所有的言语，不过是心灵宴席上不经意掉落的碎屑。

——卡里·纪伯伦

言语的能量

你不可能没有思想而有言语。

言语其实是有声的思想，具有神奇的能量。

想想说话的过程。你有个想法要表达，因此你让空气通过声带，它们得以振动。你声带的振动创造了声音的语调和频率，以言语的形式配合你的思想。你发出了这个能量，由别人接收，而他们也响应你所说的，并且表达出来。

思想先于言语，但你可能不明白，这其实是双向的过程。你观察别人怎么接受自己所说的，注意他们的评论和脸部表情，而这又会影响你的思想，接着这又会改变你所说的言语。这是持续循环的过程。

思想 > 言语 > 反应和回答 > 思想 > 言语……以此类推。

一旦你开始像幸福的人般思考，就会自动改变说话和描述自己经验的方式。你会开始用能表现更多喜悦、同情和感谢的言语，而不再抱怨或懊悔。你的脑电波以更高的频率振动，而言语则反映你更幸福的思想。

不过，在你展开改变之时，一定会有人对这样的变化感到不安。你可能会因其他人的反应和回答感觉不悦，导致幸福指数降低。

让我们再度把幸福和健身相类比。人们维持身材的意愿，是自己做出的选择，由于合适的身材和幸福需要心甘情愿的努力，因此许多人既不在乎自己的身材，也忽略自己的幸福指数；可悲的是，在其他人突破成规、变得幸福或健康之际，这些人会觉得焦虑不安，因为比较之下，这凸显他们欠缺努力。

嫉妒会造成自己不如人的感受，这种感受会攻击它觉得更优秀的人。当你变得更幸福后，不愿努力追求幸福的人，就感受到一种迫切的需要，想要缩小你和他们之间的鸿沟。他们有两种选择：一个是提升自己的幸福指数，一个是竭尽所能让你降到和他们一样的水准。

美国有一首流行歌道出，嫉妒往往会蒙蔽我们的心智。这首歌的女歌手在歌曲中嫉妒另一个女人的窈窕美丽，在合唱的段落她唱：“我真恨她！完全不需要去想理由！”

嫉妒是效力强大的药物，是使尴尬困窘变得合情合理的麻醉剂。嫉妒是我们在超市结账柜台前，看到多种“名流”杂志的出版动机。知名演员班·金斯利爵士接受全美公共广播电台的一个节目访问时，被问到他对“名流”杂志的看法，他回答，这类型的杂志名称都错了。

“它们不是‘名流’杂志。”他说，“他们不赞美名流，而是攻击。”

攻击我们觉得自己比不上的人，会模糊焦点，让我们忘记是自己不够努力，并且让我们较低的成就有合理解释。

而不幸的是，当你变得更幸福之际，你可能会发现有些人并不怎么赞同你的正面转变。记得那句俗语：“枪打出头鸟。”不幸福的人可能会说幸福的人幼稚、与现实脱节，甚至说他们是骗子。

此外，人生中有些人可能刚开始会支持你追求幸福，但后来却想要破坏你的努力；这是因为幸福的人很难掌控，而不幸的是，有些关系的本质就是掌控。

像这样的“神圣小丑”很有可能现身来阻碍你，因此最好能有个支持你的“幸福伙伴”，能时时鼓励你。要保持警惕，并且加强你维持更高幸福指数的决心。到头来，诋毁、批评你的人，非但不会再阻碍你，还会开始仿效你，他们自己也会更幸福。圣雄甘地曾谈到这种人们攻击正面改变者的倾向，他说：“起先他们忽视你，然后他们取笑你，然后他们攻击你，最后你才能获胜。”

如果有人因为你想要更幸福而干扰你，那么你的回应是赞赏这“神圣小丑”成功地骚扰你，因此启发你更坚定自己的决心，最终获胜。

伟大的英国记者霍布克·杰克森说得好：“幸福是勇气的一种形式。”要达到并维持更高更幸福的状态，你必须始终如一地把自己当成幸福的人，将此感觉投射到自己的生活中。

对幸福说“是”

“空谈”一词本身充满矛盾。

“谈”永远不会“空”。“谈”就是我们向其他人宣告我们的思想，而思想创造了我们的生活；以正面的方式说话，消除负面的言辞，能使你感到更幸福。

许多参加“不抱怨的挑战”（Complaint Free Challenge）的人，都证明了这一点。“不抱怨”计划始于2006年，当时我鼓励人们尝试连续二十一天都不抱怨。这个想法在全世界造成了热烈的回响，在写作本书之际，已经有一百零六个国家逾一千万人参加。读者可以在www.AComplaintFreeWorld.org网站上，看到更多详情。

我最常从“不抱怨的挑战”参与者中听到的反馈就是他们觉得比以前更幸福了。当人们不再抱怨其他人和困难的情况时，幸福指数就会自动提升。

言语源自我们的想法，但我们的想法却会受言语的影响，如果刻意把言语由负面转化为正面，就等于让想法也由负面转化为正面。幸福的想法会带来幸福的言语，而幸福的言语也会激发更多幸福的想法，两者相互促进。

舞台上的魔术师常边表演边念咒语，例如："阿布拉卡答布拉（Abracadabra）！"大部分的人都以为这句咒语只是胡扯，就像"天灵灵地灵灵"或是"说变就变"之类的胡言乱语。其实"阿布拉卡答布拉"是一个具有魔力的词。

Abracadabra 这个词来自于阿拉姆语（是耶稣及其弟子使用的母语），结合了 Ibra（意思是"我已经创造"）和 k'dibra（意思是"通过我的言语"）。所以"Abracadabra"的意思是："我已经通过我言语的力量创造！"**我们所说的事物有魔力，因为它创造了现实。**

诺贝尔文学奖得主艾萨克·巴什维斯·辛格说："如果你一直说事情会变糟，那么你很有可能一语成谶。"当然，这也是双向通道，如果你不断地说事情会变好，它就会真的变好，让你有更多值得快乐的理由。

人生是音叉，它会响应你思想的能量。在你说话时，你的思想就会具体地化为现实，改变你所说的话，就会改变你的体验。

幸福的人不会说出造成自己或其他人负面情绪的事物，因为这样的能量会回向他们自身。其他人和生命本身，都会响应你所说的话。佛陀说："莫向任何人粗言恶语，受辱骂者将会反击。"人生也一样，粗言恶语会创造粗暴的现实，而在这样的现实中，很难维持高水准的幸福。

不幸福的人和幸福的人谈起他们的生活时，总是用截然不同的话语，因此他们也体验到截然不同的现实：

不幸福的人谈的是严重的问题。

幸福的人谈的却是精彩的挑战。

不幸福的人说，再怎么努力也没有用。

幸福的人却表达出对理想结果的信心。

不幸福的人谈的是别人的粗鲁无礼。

幸福的人却同情地谈道，这人必然经历了莫大的创伤，才造成他粗鲁无礼的言行。

不幸福的人因其他人的行为而受冒犯。

幸福的人却因"神圣小丑"在他们的人生中出现，让他们能学到功课，因而表示感谢。

请开始用肯定的方式谈论你的生活，与其负面批评你所发现的自己和他人的缺点，不如多谈论看到的优点和美好，要不然就什么也不要说。

为你在生活中感受到的不快发泄怒气，并不会使你更幸福，这是一种思维误区。**如果把问题发泄出来能让你比较幸福，那么最会抱怨的应该就是最幸福的人，然而我们全都知道实际上并非如此。抱怨只是一种较低劣的响应方式，只会使你更不幸福。**

当你为某事而抱怨时，你的焦点就集中在错的事物上，而非你希望事情进展的方向。于是，“阿布拉卡答布拉”！你通过使用言语的力量，让这种负面事物持续涌现。

用负面方式说话的习惯，可以通过重复的纠正去改掉。尽你所能地把你所说的话由负面转化为正面，在你发现自己抱怨时，提醒自己。念出“阿布拉卡答布拉”这个咒语，你就知道自己陷入了思维的死胡同。接着，你该换一个角度去看问题，让它变成你希望的结果，并且再念一次“阿布拉卡答布拉”！

不论你说什么，你的言语都有神奇的魔力，因为它要不就是让你的人生变得美好圆满，要不就是让你的人生陷于悲惨的泥沼。

美国传奇诗人艾米莉·狄金森写过一首诗，谈言语的创造力量。

有人说，文字

在说出之时，

便已死寂。

而我却说，

那时，

文字才开始有了生命。

“阿布拉卡答布拉！”

说个故事给我听

你怎么为你的经历措辞，会对你的人生订出框架。

我们生活在中性世界，以思想和言语的力量为它充电。我们试着对万事万物创造故事，为经历带来意义。借着言语的力量，界定生命的背景，而这也启动心灵的震动，和我们创造的故事相互呼应。接着我们检视自己的情况，并且为故事寻找确证，而在寻觅之后，也得到想要寻觅的结果。

我女儿莉亚现年十六岁，正和不同校的男孩交往。虽然他们不常见面，但却整天发短信，互通信息。

一天下午，我问莉亚她的男友近况如何，她说：“我不知道，我已经一天没有他的消息。”

“这有点奇怪。”我想道。

莉亚继续发了几次短信给她的男友，中间也拨了几次电话，但都没有回音。中午在学校午餐时，她把男友没回短信和电话的事告诉几个朋友，有些人立刻沉重地叹息，非常关切地望着她。

“你知道这是什么意思吧？”一个同学说。

“不知道，”莉亚说，“什么意思？”

那女孩在座位上不自在地动一下，接着意味深长地看着其他人。“那表示你们已经分手了。”她说。“你到底是什么意思？”莉亚忍不住地问。

那女孩把身体向前倾，低声说：“莉亚，你们俩一向都随时发短信和通话。如果他突然切换成静音模式，那就表示他不想再当你的男朋友，但却没有勇气当面告诉你。”

莉亚环顾四方，看到其他在座的女孩中，有些人点头称是。

“或许……”莉亚开朗地说，“说不定他手机掉了。”

其他女孩同情的表情开始消失，变成不可置信的摇头。

莉亚不为所动。

“说不定……他的手机坏了，或者充电器不见了。”她更有信心地说。

她们的表情变成怜悯。

“或许……他爸妈不准他用手机。”莉亚微笑着说道。

所有女孩都不相信莉亚的推测。其中一个女孩带着不屑的表情收拾餐桌，站起来咕哝：“随你怎么安慰自己。”并且摇着头，这是少女表现倔强态度的招牌动作。

那天晚上，莉亚把她们中午的谈话告诉我，并且说她依旧没有男友的消息。

我得承认，心中颇有不祥之感。年轻时我也交过一些女朋友，她们似乎很喜欢我，但总会突然改变心意。我还记得被拒绝时的心痛，虽然我知道女儿可能即将体验到挫折、挑战，甚至心碎，我还是很想为她减轻一些痛苦。

“你觉得真相应该是什么？”我温和地对她微笑。

“我真的不知道。”她说，“但我知道他喜欢我，因此我猜他的手机可能丢了或坏了，或者被他父母没收了。”

我尽量附和她，认可这些原因，然后不再讨论。

几天之后，我问她：“你有男朋友的消息了吗？”

“有啊。”莉亚说，“他昨天晚上拨电话过来，他终于可以用手机了。因为他成绩下滑，所以他父母亲不准他打电话。”

整整五天，莉亚都没有他的消息，但她的幸福指数并没有因此下降。这段时间她虽不知道他为什么不回电话和短信，但她告诉自己，他们的关系幸福而坚强。在我写作本书时，他们已经交往了六个月。

你很难把未知的情况想成正面的情境，这有其道理。研究发现，如果我们为某件事物担忧，而它后来虽然成真，那么往往因为我们已经预想到最糟的状况，痛苦的程度会稍微减轻。此外，最重要的是，由于想法会反映在生活中，如果我们告诉自己可能会发生的负面情境，结果往往容易一语成谶。

万一莉亚错了怎么办？要是她的男友真是决定要和她分手，却怯懦得不敢告诉她，怎么办？等她最后发现之时，就会感到痛苦。但由于她的选择，因此几乎一周都没有感到忧虑或恐惧。要是他们真的分手，她只需要面对分手的痛苦，而不必因为担心分手而度过好几个无眠夜晚。

你不可能同时既忧虑又幸福。

不妨试试：努力想一件你既忧虑同时却又幸福的事？你办不到。这就像一边闻着烤箱里美味食物的香气，一边却又在鼻子里塞了两只刚穿过的运动袜，不可能做到。

英文单词 worry（忧虑）来自于原始印欧语系的 wring，意思是扭住某人的脖子，使他窒息。**忧虑扼杀我们感受幸福的能力，我们告诉别人和自己的话语可以增加或减少忧虑，它们永远不会保持中立。**

爱因斯坦说："想象即是一切。它能预览人生即将来临的美景。"你脑里想象的事物就像电影的预告片，预演了即将到来的未来。试问自己："我未来的人生风景，是温暖抑或伤心的故事？我的人生电影预告片是喜剧抑或悲剧？预告片预言的是英雄的凯旋抑或痛苦的失败？”

接着，回到你脑海中的剪接室，把你想要的预告剪接在一起，并且对你自己和其他人谈这个故事。预告片就像它们所概述的电影一样，有限制级、保护级等分级，你该一直剪接，直到你可以把它列为精彩（awesome）的A级。

积极心理学的创始人马丁·塞利格曼发现，幸福和不幸福者的区别，在于他所谓的“解释形态”（explanatory style）。**幸福的人往往会以让他们觉得安心自在的方式，向自己和他人解释事物，而不幸福的人则会以让他们觉得不安焦虑的方式解释事物。人在阐释自己的想法时选择的观点，就是他们幸福指数最主要的决定因素。**

阐释你的故事时，发挥创意，宁可精彩地错。《麦田守望者》的作者塞林格曾说：“我是反向的偏执狂。我总疑心别人合谋要让我幸福。”我们可以养成反向偏执狂的习惯，说出事情现在变得多好，未来又会如何变得更好。

独自一人之时，练习对自己说出正面的想法。当你在沐浴、开车、走路或任何独处之时和自己说话，说出即将发生的神奇美好的事物，运用言语的力量，扩散信念，让你听到自己所说的话。

我曾听说林肯总会大声读出任何重要的事物。如今，大家可能会说林肯是“听觉型”（auditory）学习者，但他解释说，他借着这样做，才能真正去吸收学习的事物。**当你谈起幸福的想法，大声描述美好的情境时，你就会听到自己肯定它们，让你更深入**

地吸收它们，启发你的心灵接受更幸福的想法。此外，最重要的是，你开始为你的故事寻找辅助的证据，会发现它无所不在。

至高无上的观点

你所运用最有力量的言语，是正面祈祷的言语。

正面祈祷并不是列出一长串希望上天能满足你的要求，而是宣告人生中有许多值得幸福的事物，并且调整自己的内在状态，面对现实。记住你的心灵会听到你所说的每一个字，而你的心灵正是你经验的火花塞。

哲人爱默生说：“祈祷是由至高无上的观点思索人生的真相。”祈祷是肯定不论我们经历什么，都有神性的存在，我们因那个存在找到舒适、启发和平静。

正如莉亚告诉自己和朋友关于她与男友关系最理想的情况，我们也该借着祷告，向神诉说我们生活的理想情况。

丹麦哲人索伦·克尔凯郭尔说：“祈祷并不会改变上帝，但会改变祈祷的人。”**说出肯定理想结果的言语就能创造希望的环境，根除恐惧和忧虑，让幸福宛若泉水，潺潺涌现。**

我的朋友查克·史丹福喇嘛在堪萨斯市创办莱姆佛教中心，

一天我和他谈起由佛教徒观点来看祈祷的想法，他所说的话和齐克果的话互相呼应。他庄重地说："祈祷是为了要改变你自己的想法。"**神并不需要你的祈祷——你才需要，在各种情况下，祈祷都肯定了更高力量的存在，它也肯定你联系并运用那个力量的能力。**要提升你的幸福指数，你该早早祈祷，并且经常祈祷。

祈祷使你更幸福，并不是神因你的奉献而感到满意，因此赐予你幸福，而是因为祈祷加深了你与灵性的沟通，提升了你对于人生的洞察力，这让你感到自在和满足。

甘地说："祈祷并不是老太太用来打发时间的娱乐。如果能适当地了解和运用，它就是最有力的行动工具。"

许多人小时总受教向上帝祈祷，要求各种事物。结果正面祈祷的观念听起来就很陌生，甚至笨拙。记得甘地的话，祈祷是行动的工具，让你的祈祷跟随这简单的字母缩写：A.C.T.。

A 代表的是承认神的存在。只要简单地说："神，我知道你存在于此。"或"无限的爱，你置身在这一切之间。"

不论你用什么言语来传达这个想法都不重要，重要的是承认神的存在。在我们面临困难的挑战时，恐怕很难做到。而若我们觉得神并不存在，我们就限制了自己和他的联系，正面祈祷意味着我们必须先肯定神的确存在！

我在墙上挂了一块铜牌，上面刻着因心理学家兼精神病医师卡尔·荣格而闻名遐迩的拉丁文座右铭，上面写道："Vocatus atque non vocatus, Deus aderit.”意思是：**“无论信或不信，神确存在。”**

肯定神的存在并不是信不信神的问题，而是转变你的心灵，了解你沉浸在神圣的完满之中。

要求（Claim）正面的结果。

圣日耳曼伯爵曾说：“我诚心诚意地向学生说，如果不提出要求，就不可能得到想要的结果。”

正面祈祷是说出理想的结果，并要求它达到你所追求的目标，目标原本是超自然的存在，但当你提出要求之后，它就由超自然化为实体。它原是已经存在宇宙之间的商品，而当你对你所想要的事物提出要求后，就会进入你的购物车。

对你想要的事物提出要求，听来傲慢，但请记住耶稣说的：“照你的信心，给你成全了。”**信心一词的定义是：你已经决定是真的事物。**要求正面的结果，就是说出你的欲望是真的，这是信仰的真义，也是实现信仰的催化剂。

很重要的一点是，你所要求的正面结果不该放在未来。其实在精神上，只有现在没有未来。与其说：“我可以想见有朝一日我有工作。”不如说：“我现在就有我所喜爱的工作。”

对于你所要求的结果，越详细越好。下面是个承认神的存在，然后要求正面结果的例子：

“神圣之爱，我知道你使我得以疗愈。我感到自己的身体没有痛苦，我原本疼痛的双腿如今都感到安适，可以不需要协助行走。我可以不需要扶手，就爬楼梯回到家门，我能够不用双手支撑，就由沙发椅上站起身来，我感觉无比舒适。”

你添加的细节越多，叙述的要求就越适合你，它越真实，就越能启动信仰的力量。

下面是一些要求正面结果的实例：

“我看到我儿子，并且和他有良好的关系。”

“我有个我乐在其中的工作，而且年薪五万六千美元。”

“我今天比昨天更幸福。”

“我有个爱我的亲密伴侣。”

说出你的要求，并且尽可能详细地描述。

你的自我可能会觉得受到威胁，因此继续向你挑衅，想要知道你所要求的事物如何实现。引用我好友乔·维托（著有《相信就可以做到》）的话来说：“怎么做是宇宙的事情！”提出你心之所欲，它就会在你的生命中成真，其他的细节就留给上天助你达成。

感谢（Thanks）。

韦恩·戴尔在《美梦成真》中引述高达德的话说：“不论是否看到结果显现，我们的感谢都承认——在宇宙之中，我们的祈祷已经应验。”

以表达感谢来结束正面祈祷，这样做能使信仰的力量越来越强。原因如下。如果我送礼物给你，你会说“谢谢你”。为什么？因为你拥有了这个礼物，我把礼物给你，你因为接受它而表达谢意。

然而如果我说，也许有朝一日我会送你一个礼物，你可能不会因此感谢我，因为这礼物只是个模糊而遥远的可能。

表达感谢，能够再次肯定你的要求，知道我们所想要的已经出现。当你说：“谢谢你。”其实就是向你自己证实你希冀的事物已经成为你的，它已经现身。

要是你请朋友帮忙，她说好，你一定会说：“谢谢。”并不是因为她已经帮了你，而是因为你相信朋友可靠，答应你就会做到；感谢是在表达你的确定，而确定正是信仰的真义。

运用言语的力量来承认神的存在，要求正面的结果，并且以感谢来维持这些结果，这样做能够消除恐惧和忧虑，让你维持更高指数的幸福。

选择“我是”频道

我演讲的时候常会问听众：“谁是有史以来最伟大的拳王？”

而十之八九，听众都会大喊："阿里！"

如果你的答案也是阿里，那么我要告诉你一个让人吃惊的消息。由各种不同重量级别的比赛次数和赢得冠军腰带的次数等客观的标准衡量，历史最伟大的拳手其实是小罗伊琼斯。

那么为什么大部分人都认为最伟大的拳手是阿里？

谁说阿里最伟大？

是谁起头"造谣"？

这些问题的答案全都一样：阿里！

大多数人都以为阿里最伟大，因为他告诉每一个人他最伟大。

谁说阿里最伟大？阿里。

是谁起头"造谣"？阿里。

他是拳王的错误信息，一直流传到今天。其实，若你用Google搜寻一下："拳手阿里的绰号是什么？"你就会看到答案："最伟大的拳手！"

难怪这个观点持续至今。

我记得幼时我母亲常载我和搭便车的几个邻居同学上学，有一天，我母亲在听车载电台，里边的体育报道每小时都会播放。那天早上，我头一次听到阿里的声音。

记者访问阿里即将和弗雷泽展开的拳赛，阿里说他会一面倒地获得胜利。

“你怎么知道？”记者问。

阿里并没有谈他作为拳手的技巧，只是说：“因为我就是最伟大的拳王！”

“是，但……”记者说。

“我是最伟大的拳王！”阿里重复。

“但弗雷泽……”记者插嘴说。

“我是最伟大的拳王！”阿里说。

记者切断了这段转播，只听见阿里还在重复，每一次都强调相同的话。“我是最伟大的拳王！我是最伟大的拳王！我是最伟大的拳王！我是最伟大的拳王！”

我母亲咂了一下舌头，然后关上收音机。“那个人倒是挺自恋的。”她批评。我点头同意，几个朋友也同意。

母亲的评语渗入我的脑海，让我有一种印象，仿佛只要说自己不论在任何方面特别、杰出、有能力，就是负面的特性。我们发现，原来说自己好，是件不好的事。

许多人都受教，说自己杰出是自吹自擂，不过到现在，各位应该已经明白自我其实正好作用相反。自我贬低我们，而非赞扬我们。

当自我贬抑了个人的自尊，此人反而可能变得傲慢自大，自吹自擂，以便向其他人证明他们并不是像自我所说服他们的那样糟，但这其实是自卑，而非自傲。

塔迪亚斯·戈拉在《懒人开悟法》中解释："爱你自己并不是建立自我的方法，自我中心其实是你陷入恨自己的误区后、证明自己还有价值的方式，爱你自己则能够溶解你的自我：你会发现没有必要去证明自己比他人优越。"

阿里并不是在自吹自擂，而是在肯定自己。他身处野蛮而竞争激烈的运动，如果他不相信自己最杰出，就不可能成功。在许多方面，阿里对自己能力的自信宣言都会启动体育评论员、其他拳手和社会大众的"神圣小丑"功能，他们对他的攻击，使阿里更努力要证明他才是最伟大的拳手。阿里一脚踩入了让社会大众审视的火焰，再没有比步入火堆中，更能让他激烈舞动的事。

阿里首先得说服自己他值得获胜，为什么？因为他是最伟大的拳王！

你已经承诺要变得更幸福，但若你不觉得自己值得幸福，那么你就幸福不起来。只可惜大部分人总不免自我怀疑，拥有不安全感。这种觉得自己没有价值的感受从何而来？又该如何克服？

在《克服你内心批判的声音》一书中，几位作者提到他们所谓的"想象的束缚"（Fantasy Bond）。在孩子年幼之时，父母会为他提供一切，父母是这孩子福祉和安全的源泉。

由于父母在孩子的生活中是全知全能的，因此在天真而不成熟的孩子心中，父母就被当作神一样崇拜。

孩子年纪太小，无法了解他的父母也是人，也有人的错误、缺点和困难。因此如果父母之中有一位，甚或两人都以不慈爱、粗暴、批评的方式来对待孩子，这孩子就面临一个困境。

如果这孩子要感觉安全，怀抱希望，他的神必然不能倾倒。神永远不会错，如果神（在孩子眼中，就是他的父母）以不慈爱的方式对待孩子，而神又不可能会错，那么这孩子的推理就是他自己一定不值得被爱，这孩子就会向外寻求印证，以确定他们的信念是正确的。

在心理学中，这种做法被称为“自我验证理论”（self-verification theory）。孩子会做出证明他很坏、不值得爱的行为。他这么做，却不明白自己是试图印证象征神的父母不会出错。因为这孩子的行为，其他孩子甚至成人也会对他产生同样的印象，也以他很坏、不值得爱的方式来对待他，而这又加强了他的信念，巩固了这样的行为。

不值得爱的感受是自我印证的预言，会持续到成年，最后显现在生意失败、关系破裂、健康不良等诸多方面。这孩子现在长大成人，只觉得满心憎恨愤怒，结果根本感受不到任何幸福！

做父母的都爱子女，那么为什么他们对子女这么严酷，好像他们不值得爱？因为父母幼时也被他们自己的父母以同样的态度对待，而他们的父母也遭父母以同样的态度对待。幼时遭到这种待遇，被当成不值得爱的坏孩子的人，潜意识中会抱持一个信念，那就是他们自己的孩子一定也会像他们自认为的那样有瑕疵和差错。

多年来我一直为自尊的问题所苦，直到我明白自己陷入了这种“想象的束缚”。这是阻碍我幸福的一大障碍，因为我内心以为自己不值得幸福。我相信我天生就该有种种问题，难怪人们粗暴地对待我，因此我生活在问题重重而残酷的世界。每当我快要持续保持幸福感之时，我就会做些破坏一切的事，因为我受自己的信念所限，即使我并不明白自己有这种信念。

在我了解“想象的束缚”这种概念后，就明白自己的童年深受它之苦，而且它还影响到我的成年。我可以清楚地看到在自己成长的岁月，父亲愤怒粗暴的对待方式，让我相信自己就应该受到这样的待遇。

如今，我父亲却是举世最慈祥和蔼的人，八十二岁的他每一次和我通电话，都会告诉我他爱我，他发电子邮件说他以我为荣。他不仅是我父亲，还是我亲密的朋友。

果真如此，为什么我会觉得不安，觉得自己没有价值？因为现在的他，并非我幼时的他。我认为自己坏，以及因这种想法而来的各种羞愤，在我一生中，被自己不断重复了数千次。

我父亲和我曾经长谈过我俩的童年，他的童年比我更坎坷。我把此书献给他，因为他耗费无限心血，才由受折磨的灵魂转变成慈爱的人。他的蜕变漫长而困苦，但他却印证了爱和锲而不舍的毅力能战胜逆境。

要成为幸福的人，得先知道你值得幸福。幸福是你的天赋权利，是你命中注定该拥有的事物，它是生命的意义和目的。你值得爱，值得幸福。

要知道你值得幸福，首先得了解你可能抱持着你不值得、不可爱的错误想法。承认这个信念是错的，要了解你的父母就像你一样也是凡人，他们常常无法做到理想状态，未能给你原本该有的无条件的爱，这并不是你的错。

我曾看过一些人落入这方面的逻辑陷阱：

“我很坏，我不值得爱。”

“不对，并不是我很坏，或者我不值得爱。而是我父母不慈爱。”

“我并不坏，他们不爱我才坏！”

“他们坏，但我是他们的孩子。”

“因为我是他们的孩子，所以我也坏。”

了解“想象的束缚”，就是了解你为什么会抱着自己没有价值的错误信念，这不是为了指责他人。把责任由自己推到父母身上，只会又把它带回自己身上。

不要责备，责备是自我想要让你由转变中分心。只要了解你可能带着某种核心信念，觉得自己不够好，结果你的人生就反映并加强这种想法。

现在，让我们改变这种核心信念。用言语的力量来改变对自己的想法，创造丰饶的土地，让幸福生根成长。我要协助你克服在脑海中不断播放的录音带，让你能够做到并且喜欢真正可爱的你。

科学家认为，人每天会产生并思考约七万个念头，这就相当于除去睡觉之外，清醒的每一小时要想令人咋舌的四千三百七十五个念头，或者每分钟约七十二个念头！

你脑海里不断地有思想流过，它们反映出你对自己信念的基调。你看到的自己，会反映在你的世界里。你不能改变自己所有的想法，但你可以改变你对自己的看法。

我在第一章提到，对自己和其他人肯定“你已经是幸福的人”的重要性。“我很幸福”就是这种正面描述的一个例子，你可以用这个描述，开始转变你脑海中对自己的想法，同时尽量大声重复，次数越多越好。

你的核心信念就像坚实的石头，然而，只要时间够长，滴水也能穿石。每一次你对自己做出正面的描述，就是在滴水穿过信念的石头。坚石迟早会滴穿，你终会感到自己可爱、有价值，而且最重要的是，你会觉得幸福！

你要做的这种描述有四个特性，每个特性都是由字母P开始。你的叙述应该：

- 个人（Personal）
- 当下（Present）
- 有力（Powerful）
- 正面（Positive）

个人。用第一人称说话，永远用“我”这个字。我在第一章说明了如何给“自我”它自己的声音，把它分离出来。在自我发声之时，应该以第二人称发言，对你称呼“你”。然而我们现在谈的是真正的自我，因此你应该用“我”这个字。

当下。肯定你就是此时此地在发声的你。拳王阿里并没有说：“有朝一日我会打败弗雷泽和其他好手，然后我就会是最伟大的拳王。”他说的是：“我就是最伟大的拳王！”此时，此地，眼前，现在式。如我们先前所提的，在精神的领域，没有过去或未来，只有现在。在这些描述中，你激励自己的精神，大胆地说你认为自己具有的特性早已存在。

有力。命令式的言语让你抱持热忱，专注一致。如果某个事物精彩刺激，往往就容易得到你的注意，让观念能更深入你的潜意识。

正面。言语必须积极乐观，肯定最理想的状况。言语越正面，就越能消融悄悄藏在心里的负面能量。

下面是一些例子：

- 我现在非常幸福。

我（个人）现在（当下）非常（有力）幸福（正面）。

- 我现在深受大家喜爱 。

我（个人）现在（当下）深受（有力）喜爱（正面）。

- 我相信这个经验必然带来一些益处。

我（个人）相信（当下）这个经验必然（有力）带来一些益处（正面）。

指定某段时间，大声说出正面宣言，设定自己的时刻表，把仪式养成习惯。例如可以在刷牙时这么做，当你望着浴室中的镜子时，一边刷牙，一边造十个对你自己有正面效果的句子，每天早晚都这么做。

我自己是在淋浴刮胡子时说出宣言，我有五至七分钟，可以重复上百句颂扬我自己的事物。

任何让你更完整欣赏自己的事物，都会提升“你值得享有幸福”的感受。

下面还有另外一些例子：

“宇宙间万事万物都在为我谋利。”

“家人都爱我，并且希望我幸福。”

“我爱我的人生！”

“今天会有幸运的事降临在我身上。”

“我有宝贵的才华可以分享，而这个世界也因我所提供的努力给我报偿！”

“我真的很有吸引力！”

“我很聪明！”

认定自己好，并不会贬抑别人；你的评语并不是拿你和别人相比，而是肯定你对自己天生的好和有价值的信念。你越常做这样的描述，就越能改变想法的基调。每当你想到时，就对自己说些好话，因为你很可能已经对自己说了数十年的负面言语，需要彻底消弭。

我认识一个人，不论他犯了什么样的小错，总是严厉地批评自己。一天我和他一起坐在会议桌上，正当他伸手去拿笔记本时，不小心把笔掉在地上。他伸手去捡笔时，口中喃喃自语："再伸长一点，笨蛋！"我听到他称呼自己傻瓜、浑球，还有其他许多自贬的话。

当然，说这话的不是他，而是他的自我，但让自我一有机会就批评他自己，已变成他的习惯，这人并不幸福。

今天，你脑海里会有七万个念头，其中有许多会让你恐惧，它们是要批判你，是要让你自我批评。**如果你对自己说些正面的言语，就能削弱这种负面态度，改变你对自己的核心信念。随着你的核心信念的改变，也会增强自己值得幸福的信念。**

在基督徒和希伯来人所谓的十诫中，大家常对第三诫有所误解。这条诫命是："不可妄称耶和华你上帝的名。"

任何事如果说"妄"，就表示它没有价值。妄称上帝的名意思是用上帝的名，好像它没有意义一样。

那么上帝的名有什么意义？

在《出埃及记》第三章第十三节："摩西对上帝说：我到以色列人那里，对他们说：'你们祖宗的上帝打发我到你们这里来。'他们若问我说：'他叫什么名字？'我要对他们说什么呢？"

根据《旧约圣经》的故事，神回答摩西说他的名字是："我是自有永有的。"（希伯来文直译为"我是"）

每当你说"我是"，然后跟着一个有关自己的负面评语时，你就是妄称上帝的名。说"我是"，然后跟着一个正面的描述，是视你天赋价值为神意之表达的证词。这不是傲慢，而是真正的谦卑，因为它表示你和灵魂融为一体，并不分离。

规划一点时间，让你能正面地和自己谈话，并且正面地谈你自己，尽可能重复这个过程。伟大的演说家丹尼斯·威特利就提出极好的建言："每当你向自己说话时，都要注意你的言语。"

另一种神奇言语

几年前我上过一堂课，教课的是一位伟大的心灵导师，她要我们做一个听上去十分困难的作业："每当有人赞美你时，不要推辞，只要回答说：'谢谢你，我接受你的赞美。'"

恭维赞美是一项礼物，推辞不受非但粗鲁，而且也减损了礼

物的价值。

最近我上了一堂瑜伽课，上课的是一位代课女教师，她才刚开始教课而已。课后我上前诚恳地说："这堂课很精彩！"

她有点局促不安地说："喔，我不知道，我想应该还可以吧。我犯了一点错误，我只是想以自己有限的经验试试，让正课老师回来时不会太失望。"

她一边说，我一边觉得我刚由这堂课得到的精力和热忱——就像空气由气球中泄了出来。由于我和这位女教师很熟，把她当成朋友，因此我温和地微笑着说："你的意思是'谢谢'对吧？"

她思索了一下，然后回答："是的，我想是的，我只是希望自己能值得你的赞美。"

"要是你能大方地接受，你就会觉得自己值得。"我说。

几天前，我又上了一次她的课，课后我告诉她我从中得到多少乐趣。这回她微笑着说："谢谢你。"我们俩都因此感到非常快乐，而我也看得出她因为接受我的真心赞美，并且容许自己觉得当得起这样的赞美而备感开心。

当有人送你恭维赞美的礼物，尽你所能地说："谢谢，我接受你的赞美。"如果做不到，至少说："谢谢你。"

让我们再引述甘地的话："**幸福是当你所思、所言和所做达到和谐一致的时候。**"下一章，我们将探索该如何把幸福的思维和言语融入行动。

幸福摘要

· 思想来自于言语，但言语会影响思想。

· 记得那神奇的句子："阿布拉卡答布拉！""我已经通过我的言语创造！"

· 用 A.C.T. 三个缩写字母代表的方法，正面祈祷：承认神的存在，要求正面的结果和表达感谢。

· 向你自己展开个人、当下、有力和正面的积极描述。

· 当有人恭维赞美你时，欣然接受他们的这个礼物，回答："谢谢你。"

HAPPY
THIS
YEAR!

你可以幸福！

第三章

行动

不论你读过多少圣言，不论你说过多少神圣的话，如果你不付诸行动，它们又能带给你什么好处？

——佛陀

幸福需有动作

觉得幸福之时，你会微笑。在你微笑之时，你也会觉得更幸福。

数项研究发现，光是微笑这个简单的动作，就能引爆我们脑中的幸福感受器。一项研究发现，脸部麻痹的人往往比较不幸福，因为身体的疾病使他们的脸不能微笑。

德国心理学家弗里茨·斯塔克做了一项研究，要受测者摆出种种表情，以测验微笑能不能改善人的情绪。他们告诉受测者说，这项研究是为了要探究失去双手能力的人能不能适应日常活动，例如写字或操控电视机遥控器等，每一个受测者都用口含着一支铅笔，并且按指示用铅笔完成一连串任务。

一群受测者必须把铅笔含在牙齿之间，因此他们得张嘴微笑，另一群受测者则把铅笔含在嘴唇之间，因此无法微笑。

在做完铅笔含在牙齿或嘴唇之间的动作之后，两组受测者要为几幅漫画的趣味程度打分。结果把铅笔含在牙齿之间因而不得不微笑的受测者，和另一组把铅笔含在嘴唇之间而不能微笑的受测者比较起来，觉得漫画有趣得多。可见，光是微笑，即使是强迫的微笑，都会让人觉得漫画更有趣。

毋庸置疑，微笑这个动作可以让你觉得比较幸福，因为身心相互联结，很难让你在不幸福的时候微笑，但若你强迫自己绽开笑靥，持续几分钟，你很快就会发现自己的幸福指数大大提升。

微笑不只会让你在短期觉得幸福，也会对你的未来有很深的影响。在 2001 年所做的一项研究中，研究人员和一群女性面谈，问她们觉得自己有多幸福。接着他们再回头看这些女性在大学期间的纪念册的照片，结果发现大学时代在照片中笑容最灿烂的女生，在四十多年后的今天，依然是这项研究中最幸福的妇女。

在《社会心理和人格科学》杂志中报告了一项研究，在 Face-book（脸谱网）大头贴中闪现“热情”微笑的男性和女性，他们比没有笑的人报告了更高的生活满意度。而在三年后的回访中发现，前者比后者普遍感觉更幸福。

这份报告的两位作者写道：“照片中正向情绪的表情，可以表达此人幸福指数的丰富信息，让人叹为观止。”

有句老话说：“表情不会说谎。”如果镜头捕捉到你真心张嘴微笑的表情，就表示你荡起了幸福的涟漪，它会顺流而下，进入你的未来。想要做个更幸福的人，微笑是最简单最重要的动作。

行动是幸福的关键。十九世纪的英国首相本杰明·迪斯累里说：“行动未必总能带来幸福，但没有行动就没有幸福。”

的确，大卫·施卡德和马丁·塞利格曼等人已经找到一个幸福的公式，而行动——即他们所谓的“志愿活动”（voluntary activities）——正是关键的要素。

幸福公式是：

H=S+C+V

H=幸福 S=设定点 C=生活条件 V=自愿的行动

幸福是设定点、生活条件和行动的组合。

一如我们所讨论的，若你用由一（非常不幸福）到十（欢天喜地）的数值来衡量幸福指数，并且观察自己与设定的目标相较的幸福指数，就能维持较高水平的幸福感。

大部分人总以为公式中的第二个元素——生活条件，是对他们幸福指数影响最大的关键。如果生活条件好，人就会幸福，对吗？

答案是：不一定。《美国国家科学院院刊》所发表的一份报告表明，生活条件只占整体幸福感的百分之十而已。虽然听来不合情理，但生活条件对你整体的幸福指数只有极小的影响。

让我们花点时间想想，生活条件包括健康状况、婚姻关系、薪资、经济情况、工作、生活环境、子女、我们是否能在购物中心找到理想车位、晚上睡得好不好……还有许许多多的事物，但却只占整体幸福指数的百分之十而已。

了解这一点，可以让你大大松一口气。如果你提醒自己，无论这一天发生了什么，百分之九十的幸福感都不会受到影响，那么就可以大幅降低你的忧虑、恐惧和焦虑。这种不必为未来焦虑的状态，能使你感到满足，而满足就等于收获了幸福。

只可惜大部分人都活在生活条件的阴影之下，他们反复思索："要是我有更好的工作就好了。""要是我能减掉十公斤就好了。""要是我每年能多赚五万美元就好了。""要是她打电话给我就好了。""要是我的背不痛就好了。"以此类推。

如果有精灵现身，把任何你想要的东西送给你，那么在一开始的欢喜之后，最终只会提升你百分之十的幸福指数。

根据《美国国家科学院院刊》的这篇文章，百分之五十的幸福感是由幸福的设定点决定，生活条件只占百分之十，而其他的百分之四十则取决于行动，占据你整体幸福指数近一半 。

学者已经找出一些能让你更幸福的行动，包括：

- 微笑
- 为他人行善
- 规律运动
- 睡眠充足
- 适当的营养
- 有意义、让你获得成就感的工作
- 参与联结紧密的团体活动
- 摆脱纷乱的生活
- 放下怨恨
- 培养并表达感激之情
- 精神上的联结感，以及心灵上的修行

我们已经谈过微笑、有意义的工作的重要。混乱的生活会让你觉得不知所措，花一两天把一切整理出头绪，这能降低你的压力，提升幸福感。

看看上面的列表，想想你的生活中能实现多少；一次只做一个项目，并且全心投入几周时间，直到它形成习惯，然后再进行下一项。

你的幸福指数可以比拟为深厚的积雪，每一项正面行动都能增加幸福指数，就像小小的雪花能增加积雪的深度。

本章我将和各位分享许多行动，它们就像一桶桶的雪，而非一片片的雪花。如果能把这些行动融入生活，就能立即且大幅提升你的幸福指数。

改变发生在厨房

几年前，我在健身房的更衣室经常会碰到一名男子，我们常礼貌地相互招呼，但从未有过深入交谈。

缺乏交流并非因为其他，只因他的口音很重，且几乎不会说英文，他能够说几句简单的“哈啰”“你好吗”“再见”等，而且他每一个音节蹦出都非常艰难；除了这些简单的句子外，他根本没办法和更衣室的其他人沟通。

我头一次见到他时，他体格并不太好。他身高中等，没有什么肌肉，而且超重约十五公斤。后来我常常看到他在健身房努力举重，或者做提高心肺功能的运动，只是他的努力似乎没看到什么效果。

后来我因打壁球背部受伤，几个月没去健身房；等我再回去锻炼时，碰到一个人由我后方朝我说“哈啰”。我认出他的口音，于是转身微笑，结果一看到这位我已经照面无数次的男子，简直不敢置信。在我没来的这数十天里，他的体格有了惊人的转变，身材匀称到让人惊叹。

他看到我惊讶的表情，于是很吃力地用英文说："改变发生在厨房，而不只是在健身房。"

一语惊醒梦中人。原来他除了拼命运动，饮食也控制得异常严格。

体格健壮与否缘自于运动，你怎么锻炼自己的身体；以及营养，你把什么样的东西放进你的身体。同样的，**幸福也是一项运动，取决于你怎么驾驭你的心灵；当然还有营养，你把什么样的东西放进你的内心。**

前面我们谈了许多可以提升幸福指数的心灵运动，还谈过掌控你的思想、摆脱自我加之于你的错误想法，检讨过言语对思维会造成什么束缚。现在，让我们来谈谈心灵的营养。

不过在此之前，让我们先谈谈药物与营养的关系。

· 美国最畅销的处方药是降血脂药立普妥（Lipitor），是一种抑制胆固醇的药物，年销售额超过七十七亿美元。

· 美国第三畅销的药物是制酸剂耐信（Nexium），年销售额约六十二亿美元。

· 另一种降胆固醇的药物冠脂妥（Crestor）则是美国销量第八的药物，年销售额约四十四亿美元。

这些只是最畅销的降胆固醇药物和制酸剂而已，还有其他多种药物。此外，美国人每年会花上百万美元购买制酸剂的成药。

不论是处方药或成药，美国人每年都会花约四百亿美元购买药物，以弥补他们营养的不足。

如果你的狗得了慢性胃病或胆固醇过高，你可能会先改变它的饮食，然而当事情降临到我们自己头上之时，我们却看不出饮食和健康之间的关联。或许我们觉得做健康的选择太麻烦，因此宁可服用可能有副作用的药物，也不愿意改进饮食结构。

其实，只要你改变进入你自己身体的食物，就能改变自己的体格。

如果说到心灵的营养，大家似乎也喜欢掩饰自己的错误选择，而非尝试新的改变。

- 最近二十年，抗忧郁药在美国的用量已经暴增到惊人的百分之四百，如今至少百分之十的人会服用处方药来减缓忧郁，抗抑郁药是处方药中利润第二高的类别。
- 除了处方药之外，约百分之六的人滥用非法药物。
- 美国司法部的调查发现，约百分之二十五的人服用药物和酒精达到“有害”的程度。

当然，这些统计数字一定有重复之处，但保守地说，这些资料意味着约有百分之二十至百分之五十的美国人经常服用药物和酒精，以便麻醉他们因不幸福而产生的痛苦。

如果你改变进入你心灵的事物，你就能改变你的情绪；如果

下定决心要有更好的体格，那么该做的第一个计划就是改变你所摄取的营养。你已经下定决心从现在开始要幸福，要想实现目标，就必须改变心灵所摄取的营养。

英国国王亨利八世的首席大臣托马斯·沃尔西枢机主教曾警告："你对放进头脑中的事物要非常、非常小心，因为你永远也不可能再把它取出。"现在就开始用健康的选择，取代心灵中不良的营养成分。

下面是给你的一些建议：

· 不要再看、读和听"爆炸性新闻"。我总把"新闻"节目用引号括起来，因为很多时候它可以说是在制造恐慌，这样你才会因为受其吸引，继续接受塞给你的事物。不要在睡前收听"新闻"，因为各种负面的信息会趁着你疲惫之时，骚扰你的潜意识。

· 开始寻找有启发性的故事和文字。成百上千的网站和杂志都在赞扬人类的灵性和有博爱同情精神的人们。更好的做法是，在你睡前回想你在这一天所看到的值得效仿和感恩的好事。

· 不要再和"痛苦的身体"为伴。当代的心灵导师埃克哈特·托利在《新世界：灵性的觉醒》中解释说，人人都有"痛苦的身体"。身为人类，我们只有凭着刺激和感觉而知道自己活着。大部分的人，总习惯由负面的刺激和痛苦的感受来体验人生。

这样的人总是不断地抱怨其他的人和事，他们对一切都感到不满。他们往往不明白自己对负面事物的偏好，始终活在自我想象的牢笼中，天天面对责难、羞耻、罪疚、愤怒和憎恨。

如果你周遭有这种人，那么你会被他们的负面情绪所传染，结果转化为你人生的一部分。即使这些人是你的家人，也要尽量避开他们。

· 开始寻找你周遭最幸福最积极的人，尽量常和他们相处。近朱者赤，近墨者黑，如果你常和积极幸福的人在一起，你的幸福指数就会跃升到和他们一样高。

你所认识的最幸福的人是谁？请他共进午餐，或者喝杯咖啡。听听他怎么说话，学着以同样的方式待人。如果你够幸运，这个人可能会把他的朋友介绍给你，那么你就会大幅扩展自己的交友圈，和幸福的人为伍。

· 不要再聆听哀伤的歌曲。两年前一个朋友教我这个方法，我很惊奇这对我幸福指数所造成的影响。以前我总爱听恋歌，觉得它们能激发我的灵感，但后来我发现，我所感受到的触动只是低等的痛苦情绪。

我原本以为我喜欢某些歌，是因为它们让我怀念从前，但后来我才明白我把怀念和忧愁混为一谈。此外也尽量少听讲述背叛或暴力的歌曲，它们只会培养你的负面情绪，稀释你的幸福。

· **多听节奏明快而非忧愁或自怨自艾的歌曲，寻找让你觉得有所启发或传递正能量的歌。**在你的智能手机或 MP3 上挑选歌单，或自行刻录 CD，只听使自己内心愉悦的歌曲。

我为自己的 iPhone 手机挑选了很多“幸福歌曲”，比如说：

- Here Comes the Sun——瑞奇·海文斯（Richie Havens）
- Be the Change——MC Yogi
- Oh What a Beautiful Morning——雷·查尔斯（Ray Charles）
- Internal Heights——Trevor Hall
- Bright Side of the Road——凡·莫里森（Van Morrison）
- We Let it B——Rickie Byers Beckwith
- Get Together——The Youngbloods
- Born Free——摇滚小子（Kid Rock）
- Don’t Stop——佛利伍麦克乐队（Fleetwood Mac）
- Firework——凯蒂·佩里（Katie Perry）
- Hope——Shaggy
- I Feel Fine——披头士乐队（The Beatles）
- Take it Any Way You Want it——法外之徒（The Outlaws）
- Hold on Tight——ELO
- Perfect——红粉佳人（Pink）
- Roll With it——史蒂夫·温伍德（Steve Winwood）
- Walking on Sunshine——Katrina and the Wave
- Hold On——Wilson Phillips
- Accentuate the Positive——The Sunnysiders
- I Just Want to Celebrate——稀土（Rare Earth）

已经有几项研究证实，**聆听欢悦和有正向能量的歌词能提振你的情绪，而聆听反社会和抑郁悲观的歌词会让你陷入焦虑和不安。**乔·韦纳在PscychCentral.com网站上的一篇文章中说：“如果你想要增加活力或者提振精神，那么音乐是最有效的‘兴奋剂’。每当我们聆听积极乐观而旋律优美的音乐，就能激励并启发我们，让我们更有活力。音乐可以恢复我们的元气，让我们采取行动，保持警戒，并且维持愉快的状态。”

你可以运用音乐的力量提升或降低你的幸福指数，关键就在于你所选择的歌曲。如果你怀疑歌曲内容能否影响我们的心理和情感的状态，那么听听我的经验：我写这一段文章时，在全美公共广播电台听到一段对前新纳粹光头党成员的访问。受访者说，曾有一段时期，他的工作就是吸引青少年接受这个组织暴力和种族主义的思维，蛊惑他们加入团队。

“你怎么煽动看起来正常健康的少年加入主张仇恨、暴力和偏见的团体？”记者问。

“很简单。”这名前光头党说，“我会和差不多我这年纪的年轻人一起乘车，告诉他们说正在听的音乐烂透了。接着我把他们的录音带丢出车窗——当年还是卡带，然后我说‘听听这些’，并且播放一些充满暴力和种族偏见的歌曲。”

他得意扬扬地说：“我知道只要让他们一再地听其中一卷卡带，他们就必然会加入我们。音乐就有这样的魔力。”

有些歌曲富含营养，有些歌曲像垃圾食品，有些歌曲则根本就布满毒素。如果广播节目播放饱含痛苦或负面信息的歌曲，你不妨关掉广播，练习你的 A.C.T. 祈祷法，练习“我是”的句子，或者干脆唱首欢快的歌给自己听。或者，你也可以绽开笑容，看看你的微笑能维持多久。

不要再观看暴力的电影或电视节目。也不要再读这类主题的书籍，另外，不要再玩暴力的游戏。在我尝试这些做法之前，也觉得这样做对自己过于苛刻，但当你接受暴力的影像和主题时，你就会积极地响应它们，让糟糕的画面在你心中反复回荡。

数十项研究发现，吸收媒体传达的暴力内容，会使人在感觉和行动方面都更具侵略性。如今美国教育信息中心的研究发现，儿童看的暴力节目越多，就越会觉得这个世界可怕、充满敌意、不友善。而这些感受都和幸福的心态恰恰相反。

不论我们是什么年龄，观看暴力的节目都对我们的幸福感有所影响，而幸福的定义就是我们觉得自己有多么幸福。**托勒说：“大部分的电影都是由痛苦的人拍给痛苦的人看的。”大多数人都不幸福，因为他们的周遭尽是“痛苦的身体”，而且他们所看的电影、电视节目和他们所玩的游戏更加强了这样的状态。被痛苦包围的人不可能会幸福。**抛开以痛苦为主题的书籍、电影和电视节目就能拆除你的痛苦导火索，让你生活在宁静与平和之中。

这并非对媒体的道德谴责，我指的不是你“应该”放弃暴力的内容，因为它是“错的”。我说的是，如果你不再让暴力进入你的心灵，就能体会更多的平静和幸福。.

小时候，我爱搭公交车进城，去电影院看一票到底的周六恶魔电影马拉松，只要花不到一美元，就能坐在黑暗的戏院里打发整个下午，被科学怪人、吸血鬼、狼人、异形怪物和一长串生吃活人的僵尸吓个半死。

等我长大一些，对这种电影依旧迷恋，虽然这个类型的电影已经变得更血腥、更直接。光是恐怖已经引不起我的兴趣，我更爱看涉及罪恶人性的电影，例如《半夜鬼上床》《月光光心慌慌》《十三号星期五》。就连成年后，我也从没错过任何一部恐怖片，如《电锯惊魂》《恐怖旅舍》和《惊声尖叫》等将血腥暴力发挥到极致的影片，我通通都照单全收。

如今，在好几年没有看任何一部恐怖片之后，我发现了一些非常有趣的事：

- 这些电影会叫人上瘾。观赏一部吓人的电影会让我们感到恐怖，让身体释出内啡肽，刺激我们得到一种神奇的快感。

虽然这些电影让我们兴奋异常，但却也让我们付出不少代价。我们的身体机能会加速运转，在恐惧和焦虑之中震动，持续数小时，甚或数天。它们也让我们更恐惧人生，而这也将降低我们的幸福指数。

- 这些电影可能会对幸福有直接的负面影响。

你可曾由愉快的梦境中醒来而觉得幸福?

你可曾由烦恼的梦境中醒来而觉得不幸福?

你可曾注意到如果你由幸福的情绪中醒来，就比较容易整天都维持这样的情绪?

你可曾注意到如果你由不快的情绪中醒来，就很难摆脱这样的情绪?

我常做不幸福而且骇人的梦，如今回顾，因为我经常灌输死亡和肢解的心灵粮食，做这样的梦也不意外。

许多早晨我由梦魇中醒来，常常一连数小时都快乐不起来。我把不快乐投射出去，而世界把它反映给我，创造恶性循环。那时我从没把血腥电影、梦魇和不幸福联想在一起。

当我不再观赏暴力和恐怖电影，我就很少做噩梦，结果我总是由较愉悦的状态中醒来，而这也让我更容易维持并增加自己一整天的幸福感受。不要把你的心灵熔炉塞满恐怖和暴力的影像。它们会趁你睡眠时，在你的潜意识中小火慢炖，结果你得拿它们当早餐。

假设你和大多数人一样，对暴力上了瘾，因为它可以刺激你的内啡肽的分泌，那么最好开始戒掉这种有毒害的娱乐。多看能使你觉得愉悦的电影和电视节目，当你选择要看什么影片，或者决定要把宝贵的时间花在什么样的电视节目上时，要像挑选喜爱的明星一样，细心挑选它的内容。

起初，你可能因那么多现代娱乐是以暴力和负面的事物为商业卖点而感到惊讶。你可能会像摇滚歌手布鲁斯·斯普林斯汀那般唱出“五十七个频道却没有东西可看”。你很快就会找到让你对人和世界有良好感受的电影和节目。

在视频网站上搜寻“启发”“有趣”“发人深省”“正面”“积极”及其他关键词。我曾办过数场聚会，邀朋友一起分享他们觉得有趣或发人深省的影片，然后大家一起观赏和享受对方建议的影片。

选择让你欢笑并且愿意谈论和模仿的影片。如果你忍不住观赏会感到内疚的影片也不用担心，正如偶尔暴饮暴食并不会彻底毁了节食计划，偶尔看点暴力节目也不会对你的幸福指数有长远的影响。然而你很可能会觉得它们不像以前那么精彩，甚至还会觉得有点不自在，因为你会感受到自己的心灵，甚至身体都对暴力起了厌恶反应。

如我所说，先前我的心灵饮食是娱乐垃圾食物，一直到几年前才有了改变。去年我去看一部评价不错的电影，我知道其中有一些暴力镜头，但暴力并非这部电影的主题。我很欣赏这部电影的情节，但看到一半，主角和反派角色一决高下，足足打了五分钟，拳头重击的声音通过电影院的超低音喇叭传来，打断骨头的声音叫我焦灼不安，仿佛有人在揍我！我走出放映厅，告诉工作人员我想看比较有趣的片子，他们很大方地让我换一部电影。

我不是要抱怨，也不是因别人看暴力电影而不快，只是我认为我的幸福指数非常重要，暴力会传递负面的涟漪，在我的心灵中回荡数小时。无数研究显示，观赏暴力节目会使人产生暴力倾向，儿童更是如此。如果你经常观赏暴力电视节目和电影，就会以为暴力是可以接受的常态，因此你有更大的可能会表现出暴力，并且认为暴力是可行的——而这些做法却并不会使你得到幸福！

这个该做什么不该做什么的心灵清单，似乎有点叫人心惊。

如果你觉得这很震撼，何不考虑花个十天，谢绝所有的负面和暴力。在你的日历上做记号，接下来十天都不要看暴力电影，避开所有负面态度的人和悲伤的歌曲。此外，与幸福的人同处，聆听乐观积极的音乐，然后诚实地评估你的感受。

如果你觉得比较幸福，试着再做十天看看，你大可以放松心态。如果一次十天感觉太困难，那么不妨只由这些建议中挑一个出来做十天，然后再试第二个，以次类推。或许，在一周之中选一天，定为“心理健康”日，只听积极乐观的歌曲和进行有益的娱乐。

要是你怀疑这是否有必要，可以回顾你先前所写，希望自己成为幸福的人之后，能过什么样的人生（也就是我们在序论中做的练习）；问问你自己常年抱怨的人、痛苦的歌和暴力的内容怎么融入你所创造的幸福自我中。你可能会发现，在你下决心要成为更幸福的人时，你得抛弃一些事物。

三年前，我读了一些谈素食有益健康的书——不吃任何肉类，以及蛋和奶酪等制品。我记得自己读了这些书之后，不由得想：

· 如果不吃肉、蛋和乳制品，还能吃什么？我会不会只剩色拉和芽菜可吃？我可不想一辈子只能吃没味道的食物。

· 我不觉得自己可以放弃肉、蛋和乳制品。我喜欢吃这些东西。

最后，我决定就试一天看看。我对吃全素十分陌生，只能说觉得这很奇特，但很快地我就发现，除了肉类，世上还有许多其他美味的食物。如今我吃全素已经两年，而且又减了五公斤。医生最近帮我验血发现，我的“坏”胆固醇量已经降到标准值的一半，而我的睾丸酮量也在正常的范围；心脏计算机断层扫描也确定其中没有钙化的斑块，意味着我几乎不会有心脏病突发的可能。

简而言之，原本我以为自己永远不会吃素，因为我觉得这样做，未免牺牲太多。但实际上，这样做根本不难，而我也因为这样的改变而更健康。更重要的是，我发现了各种各样的美味食物和餐厅。

最近我在餐会上和某人聊天，他注意到我吃烤时蔬和茭白，而其他人都在大啖牛排，我告诉他自己吃全素，他说：“吃全素不是要做不少牺牲吗？”

从没有人问我这样的问题。我想了一下，答道：“是的，我得放弃许多东西。”

他同情地微笑，但接下来却让我们都感到惊奇，因为我继续说:“我已经减了五公斤的体重,不再胃食道逆流、高胆固醇、口臭、消化不良、暴躁易怒、高血压、便秘……”单子越来越长,而我也才头一次明白,良好的身体营养虽然表面上好像是“舍弃”,但实际上却是另一种“获得”,心理上的营养亦然。

记得更衣室里那人的话吗?“这发生在厨房,而不只是在健身房。”开始仔细地选择灌注你心灵的事物,因为你所做的营养选择会大幅影响你的幸福指数。

行动有什么好处?

一天早上我醒来时,觉得紧张而茫然。我得面对这么多挑战、期限、工作和困难。这一切的重量就像铅球,重重地压着我的胸膛。难过了几分钟,我下床拿起日记本,泡了杯咖啡,然后前往后院的露台。

我坐下来,列出我形形色色的困难。我让自己在纸上写下我所有的挑战、恐惧、忧虑和不安,每一件叫我觉得忧心和惊慌失措的事物。

等到写完所有叫我忧惧烦心的事,我又看了一遍清单,其实总共只有九件事。

“就这样?”我大声说,“所有的恐惧和压力只不过是九件事？”在我提笔之前，总觉得自己负担沉重，现在我才明白，不到十件事就可以让人觉得压力巨大、不知所措。为什么？因为我的注意力只集中在这九件事上。

接着我开始列出人生中顺遂愉快的事。我写下我在人生中所体验到的一切好事，结果足足写了近十页。花了一个半小时，写出我生命中所有的好事之后，我明白自己有太多值得感谢的事，它们远超过我所要面对的挑战。

我再回顾那九项挑战，看出其中六项是我不能掌控的事物，于是我决定不再理会，而对另外三件事竭尽我的能力，并且把重心放在正面的事物上。我的心情大幅好转，而且变得动力十足。

在我所做的幸福研究中，我发现所有的专家一致同意的是：列出一张你要感激事物的清单，这是通往幸福高速公路的最佳路途。

激励演说家埃斯特·希克斯称此为“泛滥的感谢”（Rampage of Appreciation）。列出一张单子，大声地念出你心中所想到的一切，这能迅速地提升你的幸福指数，持续提醒你自己在人生中所得到的诸多收获，更能使你变得快乐和满足。

我有位朋友患有糖尿病，每天都得量几次血糖，确定其维持在健康的范围内。要让你的整体幸福指数上升，你也该以如我朋友验血糖般勤快的态度，时时观察自己的幸福指数。要摆脱不幸福，就是要维持愉悦的幸福感受。

如果你发现自己的幸福指数开始下降，该怎么办？立即写下你生命中值得感谢的一切事项。

一切！

例如由我现在所坐的位置，可以看到许多值得我感谢的事物，包括：我的计算机、鼠标、键盘、屏幕、喇叭、户外和风轻拂的声音、酷暑中难得的凉快天气、在吊篮下蛋的鸽子、我正在啜饮的茶、让我能阅读的眼镜、让我能欣赏美景却不用担心虫子会飞进来的窗户等等。

打出上面这一串我所感谢的事物，只花了不到三十秒的时间，我不必回头，就能再继续打十分钟，光是列出我办公室里值得感谢的事物，我就还可以再打二十至三十分钟。

借着这个行动，我就已经比两分钟前感觉更幸福。

加州大学戴维斯分校的学者罗伯特·爱蒙斯在《愈感恩愈富足》中，说明了他所做的研究，内容是关于感谢对幸福的强力影响。

爱蒙斯把学生分为三组，要他们每天记录自己的情绪、身体健康状况和整体的状态，作为实验结束时比较的基准。这项研究持续进行了十周，他要求一组学生每天写下五件值得感谢的事；第二组的学生每天写下五件烦人的琐事，例如交税、找停车位等；第三组学生则写下前一周所发生的五件事，但并没有要求是正面或负面的。

到研究结束之时，每天写五件值得感谢的事的第一组学生，幸福指数比其他两组学生足足高了百分之二十五！光是每天写下五件值得感谢的事，就大大提升了这些学生的主观幸福指数。

你希望自己的幸福指数比现在提高百分之二十五吗？做法很简单，只要每天花几分钟，写下你要感谢的五件事就够了。

在上一章谈到，幸福会提升我们正面表达的能力——个人、当下、有力、正面。现在请说出“我感谢某件事物”，把你的正面叙述和感谢的力量相结合。

你可能会发现，当幸福指数下降时，只要你开始“不停地感谢”，那么通常几分钟之后，你就会觉得比较幸福，这是因为你得逆转幸福的潮水，一旦潮水上涌，它们就会持续下去。

《圣经》中说：“凡事谢恩。”使徒保罗并不是说：“为一切的事物谢恩。”为爆胎、咖啡打翻在新裤子上、车钥匙不见、牙痛谢恩，可以说不切实际；然而，如果你遵从保罗的建议，“凡事谢恩”，就能让幸福尽可能维持在最高的水平，即使日复一日面对人生的困境。

感谢，不该只是得到你梦想的事物之后的自动反应，而该是因为你现在所拥有的一切，持续地表达谢意。在你双手可及之处，就有上百样如果你失去会无比怀念的事物。在这些事物中，每一件都是你值得感谢的对象。

在许多方面，提高幸福指数就是摆脱负面困境，就仿佛有两种力量在你脑海中来回拉锯。重复“谢谢你，谢谢你，谢谢你”，并且点明你要感谢什么，就能抵消这世界围攻你的负面力量。十三世纪的德国哲人埃克哈特大师说：“要是你这一辈子唯一说过的祈祷是‘谢谢你’，那也就够了。”

现在你可能会想："这些不就是正面思考的内容吗？"

没错，我要说："是的。"马丁·塞利格曼在数十年积极心理学的研究中发现，幸福和正面的心灵架构相辅相成、不可分离，具备正面思想，才能看到许多值得感谢的事物，而负面的心灵，看到的只会是事物的缺漏与不足。

要想幸福，就得转变我们的思维，而最快的方法就是列出一张感谢清单。

专心在人生拼图上

为什么拼图厂商会在盒子上印一张成品图？答案很简单，好让你知道完成之后的拼图是什么样子，而这也能引导你得知拼图片该放在什么地方。

如果你能一读再读本书序论中所列的练习，详细列出自己变得更幸福后，将会有什么样的人生，那么其效果如同让你看着自己人生盒子的完成图，好知道每一片人生拼图该放在哪里。

如果你的终极目标是追求幸福，如果你想要以幸福来衡量人生，那么家庭这片拼图该放在哪里？你的灵性拼图该放在哪里？你的休闲时间拼图又放在哪里？

如果能知道持续幸福的状态会让你拥有什么样的人生，就能让你随时掌握自己最新的进展。记住，你以为想要的一切，其实都是你相信能让你更幸福的事物。知道你的人生会是什么样，就能让你了解其他的一切——只是达到幸福这个终极目的的手段。

至于我自己，一年前，我在一大张白纸上，写下我对“幸福人生”的憧憬，并且把它贴在床边的墙上，这样每天早上一起床就可以看到。

我一起床，就提醒自己，今天所做的一切都不如幸福重要。幸福非但不是我诸多活动的结果，反而应该是它们的根源。我的目标是去做带给我幸福的一切。**把幸福当成你的第一要务，是决定你活动的关键，它会重新定义你的人生。**

有些人对这样的建议感到困惑而害怕，他们担心这样的做法会造成混乱失序，而且许多人认为，把自己的幸福放在第一位，未免太过自私。

但实际上，如果更多的人把自己的幸福放在第一位，反而会使这个世界更美好，因为你不可能不影响别人，而只提升自己的幸福。

难道你不想和比较幸福的配偶、比较幸福的孩子、比较幸福的员工、比较幸福的店员、比较幸福的公务员、比较幸福的朋友相处？如果这些人把他们自己的幸福快乐当成第一要务，我们就能因他们有比较正面的状态而受益。

和幸福的人在一起当然比较快乐。幸福就像雨水，滋润了焦枯的不毛之地。我们的幸福是我们施与他人的礼物。

几个月前，派蒂搬到我们家对面。她一住进来，我们的邻里生活就有了改善，派蒂在她家门口放了几盆漂亮的花。我早上坐在屋外喝咖啡时，就能欣赏这几盆花，还有围在她的喂鸟器前的鸟儿。

几天后，我发现右邻也去买了几盆开花植物放在家门口，不久她对门的邻居也如法炮制。那个周末，我自己也走进家居修缮用品店，决定也要买一些花卉，放在我家门前。第二天，我注意到另一位邻居也同时买了花来装点庭园，接着一个又一个邻居都开始这么做。

街道两旁全都摆满了花，结果我们这个小区有了全新的面貌和感受。

而这一切都是因为派蒂在她家门前放了几盆开花植物。有一天，派蒂带她的老雪纳瑞狗出来散步，我叫住她，说她已经引领了整个小区的潮流。我问她是什么启发她把花放在门口。她看来很惊讶，以她密苏里中部特有的口音慢吞吞地回答：“我不是故意把花放在外面，让人家跟着做的，”她耸耸肩说，“我只是喜欢花而已。”

派蒂把花放在她家门前，因为她喜欢花，她是为了自己而这么做，然而其他人响应了她的行动，很快花朵遍布小区，现在派蒂也有了更多花可以欣赏。

在你下决心要提升自己的幸福指数时，很可能是因为你想享

受更多的快乐和满足，但你要知道，周遭的人也会因此而获益。不仅如此，在你周遭的他们很可能会更幸福，而就像派蒂现在可以欣赏邻居的花朵一样，他们的幸福也可以回应在你身上，这能使你感觉更幸福，因此你也会把更多的幸福回应到他们身上，如此这般，创造出自给自足而且不断扩大的良性循环圈。

把你的焦点放在盒子的表面上——你憧憬中真正幸福者的形象。

做个以幸福成瘾的人，阅读你所能找到的一切有关幸福的文字。一项研究发现，光是阅读有关幸福的文章，就能让你感觉更幸福。就如决心要保持身材的人会开始阅读有关饮食和运动的杂志一样，你也该阅读一切和幸福有关的文字。

演员哈里森·福特说："幸福是你得学习的事。我常因为自己这么说而吃惊：'哇，这就是了，我想我很幸福。我有个我爱的家庭，还有我爱的事业，我甚至觉得越来越能接受现在的自己。'要是还有其他的方法可以得到幸福，请告诉我，因为我也有雄心要尝试。"

对幸福要抱持雄心。

你已经创造了人生之盒上的图像，继续研究那幅图像，确定你放进去的拼图能够让这幅图像成真。

点套餐

有一回我赴新墨西哥州大城阿尔布开克演讲，一如既往，我一到那个城市，就迫不及待地在市区散步。

我所住的旅馆对面是一座很大的公园，我懒洋洋地坐在长椅上，欣赏这个城市的活力。几百米外，一名看来很潦倒的妇女想要拦住走近她的每一个人，我听不到她说什么，但从她伸出来的颤抖的手，可以看出她在乞讨。几个衣着光鲜，看起来很富有的人迅速地走过她身旁，避开她的视线，不顾她想凑上前去的企图。一次又一次地，她走到陌生人旁边，请求帮助，却没有人理睬她；他们直视前方，匆匆走过。我为她感到难过，按捺不住朝她走过去，想要能给她一点钱。

我走过去时，看到一名骑着脚踏车的年轻男子接近那妇女。这人一脸邋遢的胡子，戴着宽边黑框眼镜，穿着破旧的牛仔裤和褪色的灰运动衫。我可以看到他的双臂和颈上有好几个刺青；他的脚踏车座椅和后轮上绑了两个塑料袋，摇摇晃晃地装满食品杂货。

我停步看这名疲惫的妇女朝年轻人走过去，而年轻人把身体拼命朝左倾，转动脚踏车好避开她，终于他成功躲过，飞也似的骑远了。

我心情有些低落，等我回过神来，看到这年轻人的脚踏车拐了一个大弯，回头朝那名老妇人骑去，并且在她身前停下。

他们俩交谈了一两分钟，接着这名年轻人伸手进塑料袋里，拿出一包贝果（一种圆形面包），交给老妇人，她伸手把它们紧紧地抱在胸前，即使有段距离，我还是可以看到她脸上的笑容。

老妇人拆开了贝果的包装袋，拿起一个狼吞虎咽；年轻人朝她点点头，跨上脚踏车，骑了几米，然后再度停下。这名男子转头对老妇人说话，他双脚跨在脚踏车上站着，而她则走过来到他身旁。老妇人一边说话，一边吞了几个又冷又干的贝果。男人指向前方，老妇人点点头，接着他跨下了脚踏车，慢慢地把它推到走廊对面，老妇人则缓缓地跟在他身旁走。

他们从我的视线消失之时，我看到年轻男子把手同情地搭在老妇人的肩膀。我站在那里一段时间，回想着事情发生的经过，我记得自己在看到许多明明可以给这名老妇人一些钱或者买一些餐点给她的人，却无视于她的存在而径自走过时的感受。

我想要找个词来形容刚才的感受，左思右想，大概只有“不幸福”。虽然我只是以旁观者的身份看这一幕，并没有真正参与，但看到路人不理她，却让我有一种沮丧、悲伤的感觉。

接着我想到我对这位年轻男子慈悲和慷慨行为的感受，从他们一起离开的情形看来，我想他应该是带她去饱餐一顿。再一次，虽然我只是个站在远处的旁观者，但看到这般仁慈的善举，却让我感到满满的“幸福”。

他们都是跟我毫无关联的人，怎么会影响我的幸福指数？

如果说在这样的互动中，受益最多的是那名年轻人，大家恐怕并不会意外。不理会这名老妇需求的人，虽然自以为不和她有所牵扯会让他们觉得自在，但可能反而因此更不幸福。根据关于善举的研究，这名男子可能会感受到一波宛如巨浪般的愉悦。虽然他停下来帮助老妇人并不方便，但他这种不便的感受，最终会被助人行善的温暖和幸福感温暖覆没。

易洛魁（Iroquois）印第安人把这称之为“灵魂的善行欲望”。人类的灵魂有为他人行善的需要，当我们表达了这样的需要，所得到的报酬就是幸福；可惜许多人忽略了他们灵魂的善行欲望，因此他们捧着空空如也的盘子，离开了幸福的盛宴。

依我之见，我们因协助他人而感受到幸福，正是伟大灵性计划的证明。其运作的方式如下：

- 永远有人需要帮助。
- 幸福是人人都想要的事物。
- 帮助他人的人觉得比较幸福。

因此整个系统的设计是助人得到所需的帮助，而帮助他人的人可以得到最想要的东西——幸福。这就像一个正能量循环圈，每个在圈内的人，都可以收获自己的幸福礼物，别人的需求也可以得到满足。

那天下午在阿尔布开克目击那一切后，我也体验到了二手幸福，这是诸多研究已证实的现象：**旁观他人行善的人，也能够感受到幸福指数的提升。**

行善的人觉得幸福，看人行善的人也体验到幸福，接受善行的人当然也会觉得更幸福。因此为了要让我们自己更幸福，同时至少让另一个人（或许还有更多的人，只要他们有幸看到我们的善举）更幸福，我们应该每天为某人做件好事，而且不求回报。

找些可以协助他人的事来做——任何事都可以，这能使你觉得更幸福。如果你制订目标，每天都要找出方法协助某人，你的幸福指数就会大幅提升。

如果你想幸福一小时，打个盹；
如果你想幸福一天，去钓鱼；
如果你想幸福一个月，去结婚；
如果你想幸福一年，继承一笔财产；
如果你想幸福一生，帮助别人。

有成千上万的方式可以行善，只要用心一定可以找到。例如驾驶时礼让要切入车道的车，进出时帮人拉住门，需要时帮人提东西，聆听急着想分享事物者的话，在购买餐点时帮排在你后面的人点餐，诚心赞美某人……任何诚心诚意要让别人的生活变得更美好的事物，都会在你自己的生活中，创造幸福的光环效应。

我曾尝试过这个做法，并且在践行中发现一个扩大善举效应的方法，我称之为“点套餐”。每个星期四，我都和三名朋友在一家餐厅聚会，聊聊我们的生活，并且相互为对方分担烦恼。

我注意到另外有一群老太太也在同一时间、地点聚会，她们也和我们一样，一起聊天谈笑。我们并不认识这些老太太，但彼此会点头微笑致意。

有一次，我决定为这群老太太付早餐费用，看看自己这样做会不会比较幸福；我决定匿名行事，好观察她们的反应，以免她们因为接受陌生人的馈赠而良心不安。

接下来那个周四的上午，我早早到了餐厅，并要求见经理；一名穿着经理制服、虽然面带微笑但看来有点憔悴的女士走了过来。我把她拉到一边，告诉她我的想法。

我请经理告诉每一位老太太，请她们随意点餐，然后告诉她们一名不愿透露姓名的朋友很乐意为其埋单。她说这很简单，因为她几年来每周四都会见到这帮老太太，她答应一定帮忙做到位。

我把我的现金卡号告诉经理，让她可以用来付账，然后我坐下来等我的朋友。

之后每一位老太太拿着松饼和咖啡经过我的餐桌时，我都因为做了件好事而觉得非常非常幸福。等我要离开时，我招呼店经理过来，向她道谢。

经理望着我，露出惊吓且难为情的表情。“非常抱歉！”她脱口而出，“我们厨房出了紧急状况，我刚才都待在后面帮忙，根本忘了告诉收银员我们的小计划。所以这些女士是自己出钱买她们的食物和饮料。”

我失望了一分钟后，却明白光是想到我做了好事的念头，就已经让我一个多小时以来幸福感满溢，我坐在这里看着这些老太太边吃边谈，幸福指数就已经由八升到十，虽然我并没有如原先计划的为她们付费。

“我理解，”我微笑着对经理说，“没有关系。”

“这样吧，这些女士每周四同一时间都会来，我们下周四再做。”我说。

经理再度致歉之后，保证道：“我向你发誓下周一定会做到，不管发生什么事！”她说。

接下来的七天，我发现自己无比期待周四的到来；我的脑海经常幻想这些老太太发现不知名的朋友请客时，会多么惊喜而幸福，更重要的是，我发现自己在期待这件即将发生的好事时，也比平常感觉幸福得多。

下一个周四终于来了，经理果真守信地亲自站在柜台，只要那一群老太太中有人现身，她就亲自上前招呼。等她们每一位都点好餐，经理就告诉她们，有不愿透露姓名的朋友要请她们吃早餐。

我坐着看这些老太太一个个端着托盘走过，脸上挂着开心的笑容。我不得不低头，只敢用眼角余光偷瞄她们，因为她们很显然在扫视全餐厅，想知道究竟是谁会请客。

虽然朋友和我经常坐的隔间离这些女士的座位隔着好几张桌子，但我还是听到她们兴奋地谈起自己的幸运。

我的幸福感非常明显，朋友们都感觉到我的欢喜，问我究竟是怎么回事。我把来龙去脉告诉他们之后，可以看到他们也和我一样，因为好事就在咫尺之间发生，因而比刚才感觉快乐得多。

请这些女士吃早餐，花了我大约六十美元。仅仅六十美元，我就让自己和其他十多个人的幸福指数大增，包括餐厅经理在内。虽然经理一向都很友善，但那天早上她因为参与了这个大方慷慨的行为，变得更容光焕发。

柳博米尔斯基在《幸福又如何》中写道：“人会因为自己为别人做了好事而感到幸福。”哈佛心理学教授丹尼尔·吉尔伯特在《哈佛幸福课》一书中，引用研究证明：如果人一直期待某个事物，那么等他们拥有这个事物时，会更欢喜。可见，如果预定未来几天之后请人吃美味的餐点，会给我带来更大的欢喜。

由于帕尼罗餐厅上一周的混乱，我才不经意地把这两个促成幸福的活动——行善与期待联系起来。我发现：为某人做件好事，和在这经验真正发生前的时刻一样，让我感觉同样幸福。这样做不但调和，而且也让我所得到的幸福加倍。

我所谓的“组合餐”就是：善行 + 此前对于该善行的期待。

其公式是：

$$善行 \times 期待 = 幸福^2$$

维持更高更长久幸福指数的一个有力行动，就是每天早上承诺当天要为某人做一件好事。订下这个目标，就能确保某件好事会顺利发生。我已经发现每当这样的情况发生，我总是开心地想：“就是这个！我要做今天该做的好事，而感到更幸福就会是最好的报偿！”

爱默生写道：“幸福是香水，你不可能把它倒在别人身上，而不沾到自己。”当你为别人做了好事，不但能让对方感觉幸福，也能使你自己变得幸福。而当你行善之时，把仁慈和期待结合在一起，你就创造了最有力的幸福套餐！

许愿井

在全世界都常看到一个做法，那就是许个愿，然后把铜板丢进井里，因此有“许愿井”的说法，这其实是个古老的仪式。

由于水有维持生命的力量，因此数千年前在干旱土地上的人，真的以为水井是通往诸神领域的舷窗。他们的想法是，只要有人渴望某事，他们就该把贵重的物品扔进水井中作为奉献，请求神的恩赐。

你的愿望是要做个更幸福的人，而要让你的愿望成真，你就得奉献，这个奉献起先可能需要经历一番挣扎，但久而久之就会变得顺其自然。要想完全摆脱不满和痛苦，让你自己拥抱幸福，这就是你要做的奉献。

你的奉献是，必须要让每一个人都拥有幸福的权利——每一个人。

你不认同的人，你觉得伤害过你的人、背叛你的人，你认为不值得幸福的人，你必须愿意看到他们所有的人都幸福。

英国哲学家伯特兰·罗素写道：“轻视幸福，往往轻视其他人的幸福。”觉得别人不值得幸福，其实违反了吸引力法则，不论你否定别人什么，都等于同时在否定自己。

你不可能一边对别人抱着愤怒和怨恨，一边觉得幸福。你所能做的最有力量的祈祷，就是祈祷其他人的幸福，尤其是你觉得不值得幸福的人。

2005年，我在堪萨斯市一个教会担任牧师，这个教会已经有四十七年历史，却只有另外三位牧师担任过灵性领导人，看来这教会似乎有很巩固的基础，牧师的流动率很小。然而实际的情况是，创办教会的牧师就已经服务了四十年，接下来的七年则已经历任两位牧师。

我很快就感受到教会中弥漫着一股像恶性肿瘤一样的恐惧、负面和不满的暗流。

2010年10月，赶走前一位牧师的同一批人又聚合，坚持要赶我走。多年未上教堂的人开始在周日上午现身，散布要我离职的陈情书。

我家里接到许多愤怒的电话，我也收到龌龊不堪的信件和电邮。有人甚至接近我正值青春期的宝贝女儿，向她说："叫你爸爸辞职，我们不想要他当牧师。"这让她极其难过，当她告诉我时，我也感到受伤和愤怒。

每周做完礼拜，就有一群人来到"拥抱队伍"——也就是大家在做完礼拜之后，排队等着和牧师说话和拥抱的队伍。他们用手臂围着我，低声威胁，或者对着我的耳朵说一些憎恨我的言语。

这些人中，甚至有一些到董事会成员的家去，威胁如果不让我辞职，他们就要采取法律行动。

我忍受这种情况达四个月之久。每个星期天，我站在讲坛上一边教导爱的力量，一边容忍十多个人坐在信徒间，对我怒目而视。

一名热情的支持者，也是我的好友，来电告诉我他不会再来教会。

“为什么？”我讶异地问道。

“上周日我原本去了。”他说，“但我在门外被拦住，有几个人要我签陈情书胁迫你离开。我告诉他们我喜欢你，看不出任何要赶你走的理由，他们却叫我‘赶快滚出去！’”这人哽咽着说：“我没办法每周在我认为是我灵性之家的地方，面对那样的愤怒和不快。”

回想这些，许多夜晚我都在痛苦的煎熬中流下泪水。

2011年，我明白这群暴民不惜一切要我离开的决心没有减弱分毫，许多人不再来教会——他们是无法忍受在接近这栋建筑时遭到骚扰的人，厌倦了穿过大厅时挥舞着陈情书的愤怒的人。

我不能责怪这些人弃我而去，他们不该受到这样的待遇，然而缺失了他们充满爱心和正面的能量，只会使那些愤怒和憎恨的力量更强。

我筋疲力尽，身体、情感、心灵上都不堪负荷。我致电给董事会主席——我的好友唐·派瑞，告诉他我要辞职。

接下来几个月，经历了这段煎熬的我待在家里，感觉愤怒、憎恨、失望；而更重要的是，我也为因针对我的攻击伤害到许多信众而悲哀。

有好几个月，在由一至十的刻度表上，我的幸福指数很少超过二。

理查德·巴赫（美国作家，著有《天地一沙鸥》）曾写道："困境必然携裹着给你的礼物。"而就在这段时期，一个美好的礼物走进了我的生命。我由绝望的深渊，走向了幸福的彼岸。

我下定决心，不仅要像原先那般幸福，而且要大幅且持久地超越我先前的幸福感受。我展开了对幸福的研究，并且以我自己的人生为实验。这段旅程的结果，就是你现在拿在手上的这本书。

接下来这一年，我开始学着掌控自己的思想和言语。我发现自己能调节幸福的指数，而且我也努力每周增加一点幸福感。但就像我们先前所提过的有调节器的校车，让我不能把幸福的指数增加到更高层次。

虽然我已经比以前感觉快乐得多，但只要有人提到教会中和我作对的人，或者只要我在商店里碰到他们，以及在 Facebook 上看到他们发布的信息，我的幸福指数就会直坠而降。就好像只要一提到他们中的任何一名成员，我的心就宛如带着镣铐的铁门一样，砰的一声紧闭。

我明白，即使已经离开这些愤怒的人一年多，他们依旧拿着我幸福指数的遥控器。我决心要重新夺回掌控权，因此我开始为他们中的每一个人正面祈祷，就如我在第二章所谈的那样。

我的自我说服我，说我是“对的”，他们是错的。然而，有一天我在打坐沉思之时，突然领悟虽然在我心中我是对的，但在他们心里他们才是对的。我得由我自己是“对的”这座碉堡上爬下来，并且开始期望这些人幸福。

我开始每天早上打坐，让他们一个接一个地进入我的脑海。我承认（A）这个人和神是一体。我为此人要求（C）健康、幸福和成功，接着我感谢（T）他们过着幸福而充实的人生。此外，我还感谢他们给予我的礼物。我发现了自己心中的力量和幸福，我从前根本不知道有它们的存在。

起先，肯定这些人的幸福和为他们表达谢意，非常非常困难。大声说出这些祷词简直就像生嚼碎玻璃。然而，久而久之，这样做越来越容易。

在《马太福音》第五章中，耶稣说：“你们听见有话说：‘当爱你的邻舍，恨你的仇敌。’只是我告诉你们：要爱你们的仇敌，为那逼迫你们的祷告。这样，就可以作你们天父的儿子，因为他叫日头照好人，也照歹人；降雨给义人，也给不义的人。你们若单爱那爱你们的人，有什么赏赐呢？”

为伤害、折磨和加害你的人祈祷，并不是为了要满足上天，或者要上天站在你这边而去做。一如韦恩·戴尔所说的，上帝创造了圆的地球，不分左右。**为其他人祈祷，希望他们幸福，就让你释放了你自己的灵魂，让它幸福。**

孔子说："人不知而不愠，不亦君子乎？"如果你因其他人对你的不义之举耿耿于怀，你就会陷入仇恨与憎怨，因此你不可能幸福。要幸福，你就得希望别人好，而且必须要真心诚意。

哈利·福斯迪克（美国基督教自由派牧师）简单明了地说："恨别人，就像为了要驱赶一只老鼠，而烧了你自己的房子。"你心中熊熊燃烧的负能量，驱除了你得到真正幸福的机会。

曾有人说："你不可能比离你心灵最遥远的人更接近上帝。"你可以做其他一切引发幸福感的事情，你可以微笑，正面地说话，参与善行义举，但如果你对人心怀恨意，你的幸福就是建构在腐朽的基石上，总有一天会坍塌。

爱默生说："每愤怒一分钟，你就损失了六十秒的幸福。"当然一定有人因为恐惧和无知，曾经伤害过你，但若他们限制了你目前的幸福，那么如今伤害你的人不是他们，而是你自己。而且若你继续对这些人生气，你就剥夺了自己把幸福提升到极限的可能。

如果你诚实，你就会看出在真正幸福的人生里，没有愤怒和憎恨的空间。请谨记这一点，宽恕未必一定要和解。隔着一段距离，你依旧可以期望别人过得好。如果有人对你一向不好，那么你该祈愿他过得幸福，并且创作一幅那人幸福生活的心灵图像，持续地想着这幅图像，直到你可以安然自在地面对它。这能打开幸福的龙头，让它得以流向你。但你并不需要请那人共进晚餐，或让他进入你的人生。

另外还有一个合理的理由，让你觉得伤害过你的人也应享有幸福。小说家杰奎琳·凯瑞说得好："我注意到，幸福会限制个人意图施加给他人的痛苦。"

幸福的人往往仁慈。

不仁慈的人往往不幸福。

灵修书籍《奇迹课程》这么解释："视自己已经完整的人，不会提出要求。"幸福的人就是视自己为完整的人，因此他们不太可能对其他人提出要求，或者伤害他们。

伤害你的人，往往自己也受到伤害。如果他们不先解除自己的痛苦，就很有可能会借着伤害你来取代他们自己所受的折磨。你可以祝福他们，但要和他们保持距离。

伤害你的人不会幸福。**人越幸福，就越不可能伤害任何人。能够以这种同理心了解他们，就足以让我们祝福他们，肯定他们的幸福！**

幸福摘要

· 让自己摄取正面的心灵能量。尽量聆听积极乐观和发人深省的歌曲，多看正面的电视节目和电影。

· 走通往幸福的捷径。写感谢日记，记录你所感激的一切事物，大声说出你所感谢的对象。

· 专念于幸福。每天早上花一分钟，检视你对自己过幸福生活的憧憬。

· 每天早上做计划，为某人做件好事。记得：

$$善行 \times 期待 = 幸福^2$$

· 祝福每一个人。肯定每一个人都应该得到幸福，尤其是你觉得不值得拥有幸福的人。

HAPPY THIS YEAR!

你可以幸福！

第四章
习惯

幸福是个习惯——养成它。

——阿尔伯特·哈伯德（激励大师）

让幸福成为常态

“快点起床！”我父亲说，“我们从今天起开始跑步。”

我睁开一只眼，看到我父亲站在床边。他的头发乱成一团，下巴满是胡楂，脚上穿着一双浅蓝色的新跑步鞋。我呻吟着不肯起来，翻过身，背对着他。

“明天再说。”我咕哝道。

“不行，就今天！”我父亲边说边掀开被子，迅速地把它从我身上拉开。

“但是我很累，”我求饶说，“我昨晚熬夜准备考试。我答应你明天就开始。”

“不行，”我父亲严厉地说，“现在就给我起来！五分钟后我在门口等你。”

他出去后，我嘀咕了一些他要是听到一定会处罚我的话。我拉开柜子抽屉，看该穿什么才能阻挡十一月的寒风；我在衣橱里翻了半天，才找出一双运动袜，接着又在橱底摸索着拿运动鞋。

“走吧……快！”我父亲不耐烦地由外面敲着我的窗户。我系好鞋带，一路抱怨，踏着重重的步子出门，穿过厨房，走过门廊，下楼梯到他所站的地方。

“站上起跑点，预备，跑！”我父亲说，于是我们俩缓缓地沿着家门口的碎石路向前跑。路虽然只有六十米，但还没跑到一半，我就已经气喘如牛。

我十七岁，我父亲四十七岁，我体重超重四十五公斤，而我父亲虽然瘦，却自二十多年前由海军退伍后，依然保持着很好的身材。

我们默默地跑，唯一可以听到的是费力的呼吸声，还有鞋子落在碎石路上嘎吱嘎吱的声响。很快我就觉得好像有人拿螺丝起子扎进我的大腿，我的身体不由得朝左倾；这样的疼痛让我的脚步凌乱，也让我不停地喘气。

我们跑到了路的尽头。我问道：“好了（喘气）……现在（喘气）……该往哪边？”

父亲在碎石路和柏油路街道的交叉口左顾右盼，我可以由他的表情知道他根本就没有下一步的计划。

那是一九七六年，慢跑的狂热已经达到最高峰，我们算是后知后觉，而我也开始明白为什么慢跑被称为“狂热”运动。为了跑步而跑步，在我看来根本就很疯狂。

我父亲回避了该朝哪个方向前进的问题，回答道：“我们就在这里原地慢跑好了。”

“原地慢跑？”我以唯有青少年能发得出来的讽刺语调问道，“要多久？”

我父亲没有理会，我由他脸上的表情，就知道他已经厌烦我不停地发问和桀骜不驯的态度。我们在原地慢跑了几分钟，感觉时间简直就要静止了；接着他一言不发，回头沿着碎石路朝家里跑去，我跟在后面，冷风吹得我眼睛淌下泪水，也让我的肺发出呼哧呼哧的喘息声。

一回到家，他和我两人都倒在台阶上。

“好了！”他说，“你不觉得舒服一点了吗？”

“当然！”我撒谎说。

我们进了屋子，他为自己倒了杯咖啡，而我则回房间淋浴穿衣，准备上学。第二天一早，同样的情况再度上演，只不过角色逆转了。

我站在他床边说：“爸爸！起床啦，我们要去慢跑。”

“我太累了。”他抱怨说。

“我们说好要天天运动的。”我提醒他。

“昨天跑步，害得我的脚到现在还痛。”他边说边用被子盖住头。

“我的脚也痛呀！”我说，“快点，起床啦。”

他不理我。

“爸！”我尽量放着胆子大声说。

没有反应。

我已经穿好衣服，做好准备，却因为他不打算起床和我一起出去而生气。连续第二个早上，我重重地走过房子，这回是因为怂恿我参加这个无聊运动的人，倒比我先行放弃。我决定自己一个人跑。我站在台阶上，等了几分钟，想要为自己打气，我的呼吸在沁凉的空气中化为白雾。

当我准备迈开步子起跑时，身后传来门砰然关上的声音，爸爸安抚道：“好啦，好啦！我们跑吧。”他的声音不是坚决，而是屈服。

那天早上的跑步和前一天一样，我们沿着碎石路跑个几十米，然后原地跑几分钟，再掉头回家。

那是我父亲最后一次和我一起跑步。第二天我躺在床上等他来叫我，而他也等着我去叫他。我们俩都不欣赏那两次不成功的跑步，也都没有因此获益，而且我们也都不想再重复这样的过程。

对于我们而言，这项运动无疾而终，然而五年后，我再度开始慢跑，这回我养成了习惯，而且天天坚持，足足跑了二十年。

习惯是很强的水流，带着我们向前进，而我们甚至不明白它的力量或影响。你的饮食、穿着、工作、说话和放松方式都有习惯，每天早晨你有习惯的早餐，沿着习惯的路线上班，在超市里会依照习惯买相同的东西和相同的品牌。人类所做的事大半都是基于习惯。

要是我们能够规范习惯的力量，就能改造人生，然而眼前的习惯十分顽强，想改变需要很大的勇气。

改变你的想法、言语和行动可以提升幸福指数，但如果你不培养新的幸福习惯，日子一久，你就又会回落到你原先的水平。

我们的目标是要把你新的幸福指数设成定值，因此不论发生什么情况，你都不会落到比这一点低太低或太久。让你的幸福感能持续更久，缩短你低潮的范围和时间，你就会觉得整体上幸福感强很多。刻意地养成新习惯，就能使提升幸福的过程变为自动自发。

查尔斯·杜希格在《习惯的力量》一书中解释，养成习惯有三大要素：

- 提示（Cues）
- 惯性行为（Routines）
- 奖赏（Rewards）

这三大要素相辅相成，创造出杜希格认为的习惯回路（habit loop）。

首先，我们会感受到一个提示或诱发点，接着我们开始惯性行为，如果这个行为会获得奖赏，那么就会形成模式固化下来。**提示、惯性行为和奖赏结合在一起，人类就会发展出一种渴望，而也就是我们的这种渴望，让习惯得到稳固和持续下去的力量。**

例如跑步，父亲提示我起床、穿衣、出门跑步。第二天换我提示他。这两天我们都进行了慢跑的行为，然而我们却没有因为这一行动而得到奖赏，因此我们的大脑没有体验到渴望。

这就是大部分新年愿望到头来失败的原因。想想USA.gov网站上所列的最常见的新年愿望：

- 少喝酒
- 吃有益健康的食物
- 接受更好的教育
- 找到更好的工作
- 健身
- 减肥
- 清偿债务
- 处理压力
- 戒烟
- 环保
- 储蓄
- 旅行
- 帮助他人

你注意到一件事了吗?

这些决心中，每一个都是惯性行为，它们的提示并不清楚，全都需要努力，而且也都没有完成后的奖赏。缺乏提示，使得老习惯再度冒头，在没有奖赏的情况下想坚持惯性行为，不但耗费力气，而且也缺乏足够的动力。

我开始认真跑步时，住在北卡罗来纳州威明顿市的繁华地段。威明顿是美国最美丽最具历史风情的城市之一，虽然每天早上起床穿上跑步鞋都得历经一番挣扎，但我才刚到这个城市，决心要运用每一次跑步的契机，来探索这个城市的风情。

我开始穿着短裤和运动衫睡觉，这是我给自己的提示。我也把跑步鞋和袜子一起放在床边。

我沿着威明顿石板路边的人行道往前跑，一边欣赏南北战争前保存至今的美丽房屋和花木扶疏的花园，这是我参与跑步这种惯性行为获得的奖赏。.

连续三周坚持每天跑步之后，我发现它已经成了我的习惯，是我生活不可或缺的一部分。跑步不再是件麻烦事，而是我真正期待的活动。不过我发现，看尽城里美丽的风景后，激励我能坚持跑下去的，或许另有缘由。

如果我跑步不是因为威明顿的美，那么究竟是什么让它成为我每天的习惯?

当我连续两天歇息之后，我发现了答案。头一天我因为一大早要开会而没有跑步，第二天则因下起大雨而不能跑步。到第二天结束之时，我觉得自己全身懒洋洋、无精打采，而且脾气暴躁。

每天跑步，让我得到一连串自己并未觉察的报偿，两天没跑就感到无比想念。跑步让身体释放出内啡肽，促进新陈代谢，让我觉得更有活力而且更满足。我整天都觉得没有压力，心情也可以维持较长时间的愉悦。我注意到自己走路时，身体被一种难以言表的舒适感填满，而只不过跑了几周，我的身材变得更匀称，甚至发现衣服也比以前要合身。

或许早上花三十分钟跑步得费点力气，但接下来一整天，我都觉得很愉快。如果不跑步，我虽省下了这三十分钟的麻烦，但却丧失了随着跑步而来的愉快结果。奖赏会促成我们的渴望，我们也因这样的提示，养成新的惯性行为。

我曾牵着女朋友的手，漫步走过堪萨斯市年度艺术节（全美五大艺术节之一，来自全球的艺术家展示艺作、手工艺和珠宝，也有一些食物摊位）参展者的白色帐篷。那是个凉爽的夜晚，空气中散发着数以千计艺术爱好者的活力。我们左边挂着精彩的黑白相片，右边则是描绘市景的动人亚克力彩画，前方则有艺术家在贩卖大刀阔斧雕琢的向日葵雕塑。我们走了几百米，一路欣赏各种艺术品，评论想要将哪些作品收归囊中。

“我饿了。”我边说边把手放在胃部。

“不，你不饿。”我的女友捏着我的另一只手说。

“不，我饿了。”我更用力地回握她的手。

“不，”她回答说，“你不饿。”

“呃！”我有点不高兴地说，“我当然知道自己是饿或不饿。”

“其实，你未必如你自己那么清楚。”她温柔地微笑着答道。

“你是什么意思？”我很生气。

“闻闻看。”她说。

我抬起鼻子深深地吸了一口气，然后说：“好了……然后呢？”

“然后，你闻到什么？”她问道。

“唔……食物！”我说，“又大又香的松脆饼干和刚爆好的爆米花，还有酥炸糖胡桃和……”

“没错，”她说，“你不是饿，你只是闻到食物的味道，误以为自己饿了。”

“但我真的觉得很饿。”我咕哝道。

她把我拉向她，凝视我的眼睛：“我知道你觉得饿，那只是你的身体给你的感觉，证明你想吃你闻到的食物是有理由的。”

我思索了一下，她又说：“我们在艺术展那一头时，你还嘀咕说散步可以消消食，不是吗？”她举手朝我们刚走过的方向一指。

“嗯……对，我不饿。”我说。

“但是现在，在食物摊位旁边，你就突然饿了？”她问道。

“说不定你说得对。”我说。

我决定先不要吃东西。如果我们远离食物的香气十分钟，我还是觉得饿，那么再回来找东西吃不迟。

那天晚上我准备上床时，想到我非但没有回去进食，而且因为我对艺术展太着迷，也太留恋我们共处的时光，我根本忘了吃晚餐。显然我一点也不饿，只是因为食物香味的提示，而做出了习惯的反应。

诱发点（食物香气）+ **习惯行为**（吃）+ **奖赏**（食物）= **渴望**

就像所有的习惯一样，当诱发点和奖赏结合在一起时，渴望就会具体化，惯性行为就会变得自动自发。

至于幸福，你也不断地受到诱发。每天都有成千上万的小提示，让你得以选择让情绪做出正面或负面的反应。

诱发点一旦被触发，你往往就会做出反应（react）——请注意我并没有用“回应”（respond）这个词，因为回应包括思维行动，但在这里你只是依据先前为你带来奖赏报酬的行为，做出习惯的反应。

“但如果我做出负面的反应，会怎么样？”你可能会疑惑，“如果有东西提示我，我会不会选择思考、说出或做出让我觉得比较不幸福的事？”不幸福怎么能带来奖赏或酬报？

下面是一些我们选择较低的幸福指数时，所带来的报偿。我们这样做的时候往往并不自觉，但我们却可能渴望它们，最后导致负面的惯性行为。

吸引注意

下面是个假想的例子。假如你的医生告诉你，你的验血结果有点异常，她想再多做几个测验，确定你没问题。

“怎么了？”你问道。

“可能没什么问题。”她说。

“可能？”你很严肃地问。

“我说了，可能没什么问题。”她说道，“但也不排除其他的可能，从有一点贫血到……”

“到什么？”

“虽然概率很小，但有时也会是白血病，只是我很确定你这情况应该不是。”

“白血病？”你显然很惊慌。

“这只有微乎其微的概率。”她说，“我们会再做一些测验，以便确定结果。”

你一离开诊所，马上拿出手机拨号。

“妈……”你强忍住泪水说，“医生说我可能得了白血病。”

“什么？”你母亲尖叫起来，“他说什么？”

“她觉得我的验血结果有点不正常，我下周要回去再做一些检查。她说可能是白血病。”

“我可怜的孩子。”你母亲说，“我马上搭飞机过去看你！”

“哦，不要麻烦……”你言不由衷地说。

“不行！”你母亲说，“我明天一大早就去看你。”

你按下手机上的“通话结束”按键，心里盘算该再致电给哪些亲戚朋友，好让他们满足你私心渴望的关注。

在这个例子里，提示是医生告诉你，你的验血报告有些不正常。在你追问之下，她说也许没什么大碍，但也可能是由贫血到白血病任何一种毛病，虽然罹患白血病的概率微乎其微。

其实，医师给你的是中性的信息，然而你知道得到家人和朋友关注的最佳保证就是身体出了毛病，毛病越严重，他们的关注度就越高。

我很清楚这其间的运作。我自己的母亲是非常伟大的女性，总能安然渡过难关。她喜欢人们需要她，也喜欢协助他人，这也是她担任护士之所以能成功的主要原因。几十年来，我每周日晚上都会打电话和母亲聊聊。我发现如果我有好消息，她会说：“那真是太好了，亲爱的。”话题到此就结束。

然而只要我出了状况，母亲总会表达关怀，提供援助。接着我们会仔细地谈论种种细节。我发现我一整周都在找各种问题和困境，以便在周日晚上和母亲分享。这种寻找人生最糟的经验、并且在我和母亲说话时夸大其词的做法，其实降低了我的幸福指数，但却让我得到了母亲的关注。

许多人驾车探访朋友时，总会在脑海中探索有什么可以和朋友分享的困难，因为他们觉得分摊他们的痛苦困境，可以从其他人那里获得最大的关注度。

对痛苦上瘾

一如先前所讨论的，大部分的人都活在艾克哈特·托勒所称的“痛苦的身体”之内。心理学家现在对“痛苦的身体”这个观念做了临床的诊断：对痛苦上瘾。在某人担心某事时，身体就会对情感上的痛苦做出回应，并且分泌出一点内啡肽，注入他的血流，换句话说，经历情绪的低谷其实会让此人有点兴奋。

在现实中，内啡肽增加只是让此人回到他们原本的幸福设定点，但这种体内吗啡的报偿却强化了此人不幸福的习惯。对痛苦上瘾的人，接收到可能提升幸福指数的提示之时（例如获得赞美或者在街上捡到钱），他们反而会觉得焦灼，因为这对他们的固定思维产生了威胁。这些反应全都是不知不觉而且自动进行，于是他们就开始担心钱会再度不见，或者怀疑别人的赞美是否出于真心。他们还会忧心其他让他们不安的事——任何他们可以用来满足情感痛苦瘾头的事。

这些人或许不幸福，但他们对自己的不幸福很安心，而且如果他们觉得自己太幸福，他们的身体就会切断体内分泌的吗啡点滴，产生停药般痛苦的后果。

如果你对痛苦上瘾，就会发现如果幸福指数提高，反而会使你觉得有点焦虑。然而长久下来，你就会感受到持续的情绪高点，而不需要痛苦的刺激来让你达到这一效果。

加强“想象的束缚”

改变你对自己的观感和你在自己世界中的位置，并不容易。

“想象的束缚”其本质在于，你认为自己有点不对劲——一种你自以为先天就有缺陷的信念。这个想法和上帝全知全能相辅相成——在这个例子里，你的父母因为自己的情感受了伤，因此无法给你你所需要的爱和接纳。

当中性的提示出现时，你可能会选择让自己感觉不幸福，因为不幸福是“你所值得的”。因此，你可能会体验到较低的幸福指数，但你的奖赏是在你内心深处，能够感受到如诗人罗伯特·勃朗宁所说：“神自居于其天国，世间一切平安依旧！”（本诗取自《比芭之歌》，描述童工比芭在一年唯一休息的新年那天走过街市，想着她认为幸福的人，唱出天真的歌。）

人世或许黑暗、恐怖、乏味，但却有家的感受。

在有机会感受幸福之时，却有人感受到“想象的束缚”，也就是盖伊·汉德瑞克所描述的“上限”，这个人潜意识中明白：“一切都进行得很顺利良好。”但他却认为：“一定有什么地方会出错。”

于是这人就开始想、说或做某事，把原本顺利的一切带回到他认为可以接受的程度。于是这人觉得得到了奖赏，因为世界再度按照它应有的方式运转。

自我抚慰

除非我们学会把与我们同在的“神圣小丑”留在它自己该有的位置，否则他就会随时攻击，尤其是在一切顺利之时。在你开始觉得比较幸福时，自我就开始恐惧，因为它感觉到它对你的控制力量正在消失。

我有个好友为耳鸣所苦，耳中不断嗡嗡作响，许多人都有这种症状。我们似乎听到耳中有各式各样的声音，由低低的轰鸣到高声尖叫。对大部分人而言，这恼人的声音迟早会消失，但对耳鸣的病人，这噪声永不停止。

我们心中自我的声音，就很像耳鸣，而且当你刚开始变得比较幸福时，这负面的声音音量就会更高。**如果你继续练习本书中所说的幸福思维、言语和行动——尤其是超越自我的那些做法，那么你耳中的声音终将减弱。**然而这得花点时间，而且短期内这声音反倒暂时会增强。

当你刚开始幸福旅程时，自我可能会在心中嗡嗡作响，就像一群愤怒的蜜蜂，因为它觉得自己受到了威胁。为了安抚你的自我，你可能会把焦点集中在负面和不快的事物上。你付出的代价就是幸福感迅速降低，而你获得的报偿是较少来自内心的负面唠叨和攻击。

孔子说“性相近，习相远”。人每天面对人生挑战的刺激，改变你对提示的反应，并且积极主动地创造新的提示 ，都会让你摆脱受“不幸福自我”的束缚。

下面有一些做法，能帮你找出方法创造新的提示：

- 调整你的闹钟设定，让你不致被叫人丧气的刺耳的闹铃声吵醒，而是由积极乐观、舒缓提神的歌曲唤醒。我目前的闹钟歌曲是艾德温·斯达的《幸福电台》。

· 不论你醒来时听到的第一个声响是什么，它都会成为你早晨的背景音乐；这首歌在你的脑海播放之时，你就感觉到它能调动你的情绪，务必谨慎选择。

· 把网络首页由搜索引擎或门户网站，改为能对你日常生活有所启发的网页或趣味网站。

· 把你的午餐同伴换为更积极快乐的人，在你犒劳自己身体之时，也同时滋养你的情绪。

· 改变手机铃声，表现你希望人生有多乐观美好（目前我的铃声是 Timbuk3 的“未来如此明亮……”）。

· 如果你有亲朋好友喜欢用电子邮件传递不好的消息，那么可以暂时把其拉进黑名单，或者为他设个专用收件箱，而且不要去阅读它们!

在选择新提示之外，你也可以改变你对现有提示的反应：

· 在出现挑战的情况时，致电给能提供正面观点、希望和支持的人，而非有负面反应、借口托词和怜悯同情的人。

· 在有人粗鲁或挑衅之时，以怜悯之心对待他，他可能正经历痛苦或困难，才造成这样的反应。

· 面对难以相处的人，佛陀有个智慧的建议。他要信徒想象这人襁褓时期所曾遭遇的挑战，接着用片刻时间想象他们怀抱着这个婴儿，仿佛这是他们自己的宝贝孩子。

· 用宏观的角度来看问题。你今天所担心的问题，明天就没什么大不了。每天都会有新问题出现，把它们交托给时间，抱持它们会被解决的信心。

· 每当问题出现时，强迫你自己想出三个这情况可能会对你有益的理由，将困境当成是一种磨砺心志的祝福。

我的祖父母和许多他们那一代住在美国东南部的人，常采用一个有趣的方法，来改变惯性行为的提示。他们知道幸福的力量可以释放负面的情绪，因此他们在养新小狗时，往往用最讨人厌的已逝亲戚名字为小狗命名，以化解过去的积怨。全家人会聚在一起，讨论在已逝的亲戚中，谁最不受欢迎，然后以他的名字为狗取名。

例如，叔叔乔治生前最刻薄，又爱与人争吵，全家人至今还对他有心理阴影，那么新养的小狗就取名为“乔治”，因为再没有比小狗更可爱、更忠实的动物。因此大家对于这个名字的提示，就有了新的情感反应。每当有人听到“乔治”这个名字，大家想到的就是小狗，而非惹人讨厌的叔叔。通过对小狗的爱，最终放下了对叔叔曾有的抱怨和不满。

培养新的提示和新的惯性行为需要下定决心，并且采取行动。新的诱发点会带来全新的惯性行为和奖赏，也带来对更正向的心理习惯的渴求，最终形成正能量的循环。

惯性行为

比尔·沃特森（美国漫画家）退休前，在每天的漫画《凯文的幻虎世界》精彩地融合社会评论、深入的见解，又兼顾儿童的天真和趣味。

在我最喜欢的一幅漫画中，画中主角凯文把一枚二十五美分塞进口香糖机器，结果掉出两个糖球，他喜出望外。“哇！太棒了！”凯文兴奋得手舞足蹈，而且把他的好运告诉每一个人：“我真爱这个机器！”才兴奋没多久，另一个孩子经过，凯文夸耀说：“我花了一枚硬币，这机器就吐出两个糖球！”对方回答说：“那它一定坏了……你应该拿到三个才对。”

凯文立马变得垂头丧气，瞪着机器咕哝说：“愚蠢的玩意儿。”

不论凯文得到的是一个、两个还是三个糖球，他的期待才是促成这个诱发点的原因。他期待得到一个，但却掉出两个糖球，让他幸福指数蹿升，但当他发现自己应该得到三个糖球时，他的幸福指数骤降。**我们的期望控制了我们怎么理解生命中的提示，**

又导致我们有什么样惯性的思想、言语和行动。

我赴坦桑尼亚时，当地的道路让我感到有点困惑。大部分道路都是泥路，路面上常有大石头，驾驶人必须小心避开。在这样的道路上开车，想要前线行使，简直不可能。

即便有些公路铺了柏油，但同样也是挑战多多。虽然法定时速可达九十至一百一十公里，但不可能保持这个速度行驶太久。

坦桑尼亚的警察没有车，你常常可以看到他们穿着整齐的白色制服，站在公路旁，伸出戴着白手套的手示意车子停靠路边，不过并不是因为驾驶人违反了交通规则，而是因为警察需要搭顺风车。

因为缺乏警车，所以坦桑尼亚政府想出了独特的方法，让驾驶人不致超速。沿着高速公路，大约每隔一点六公里，就有道路减速带。如果行驶一百六十公里，一路上就得不时减速差不多一百次。

坦桑尼亚的小路几乎无法行车，公路又得不停地减速和加速，此外，还不时有自行车、牛和人潮在路上穿梭，但坦桑尼亚的驾驶人却并不因这些状况而抱怨。

为什么？因为坦桑尼亚人习惯了这样的路障设置。要是美国、英国、中国，或任何工业化国家的驾驶人碰到这样的状况，一定会抓狂，但坦桑尼亚的驾驶人因为不知道有更好的情况，因此对他们所面对的“困难”毫无察觉。

记得我们对幸福的定义更接近满足，而非欢喜。我们应该了解，我们的期待，不论是一个硬币可得三个糖球，或者在公路上畅快飞驰毫无障碍，它们主宰了我们如何评估自己的生活，响应提示和诱发点。

到目前为止，我们已经讨论了几个可以提升你幸福指数的惯性行为，包括：

- 宣告你自己是个幸福的人。
- 设定幸福的目标，衡量你的进展。
- 隔离你的负面自我，给它独特的声音，并且经常地沉思冥想。
- 把挑衅的人当成“神圣小丑”，他们之所以在你生命中，是为了要协助你找出潜在的幸福 。
- 保持积极乐观的言语，练习以正面的态度对待一切。
- 只摄取正面的心灵养分。
- 列出感谢表，不断提醒自己你该感谢的事物。
- 计划为别人做好事，并且践行。
- 经常以生动的细节，憧憬在你更幸福之后，你的人生会是什么模样。
- 肯定其他人的幸福权利，尤其是你觉得伤害了你的人。

下面是当意外事件诱发你时，其他你可以练习的惯性行为。

练习你的 ABCD

在希腊神话中，西西弗斯是个遭受诅咒的国王，必须永远把一块巨石推上山坡，结果只能看到它再度掉落。不管你怎么努力，还是觉得自己是现代的西西弗斯的化身，把你的幸福指数推上山坡，却因某个人生经验的诱发，而让你只能站着看到巨石带着你的幸福指数再度落下。

在所有学富五车的心理学家和研究人员所开发的技巧中，下面这种是最有效、最实际的一种，能够助你逃脱负面思维的陷阱，拥抱更幸福的人生。

这个由马丁·塞利格曼开发出来的程序，能够协助你保持较高的幸福指数，而它也遵从我们先前所讨论养成习惯的模型，因此这种做法可以很快形成习惯。

塞利格曼称这方法为“ABCD 法”，每当提示出现，你觉得你的幸福指数开始往山坡下滑时，就拿纸笔写下：

逆境（Adversity）。找出究竟发生了什么事，用一句话说明诱发你幸福指数下滑的原因。

范例：

- “我三天前就致电艾德温，他至今没有回电。”
- “业绩一再下滑，我真的很难过。”
- “这次职业考试又没有过关，加薪无望了。”

信念（Belief）。你对所发生状况的信念。面临种种困境，你有个惯性的思考模式。写下你的信念，不论你心怀恐惧的自我怎么说，都忠实地写下这些想法。

范例：

- “艾德温不再喜欢我了。”
- “他不想再做我的朋友。”
- “他找到其他做伴的人。”
- “只要人们了解我，就会离开我。”

结果（Consequences）。这种信念造成什么结果？把你体会的感受用言语表达出来。你得诚实面对，让内心的情绪喷薄而出。

范例：

- “我觉得难过。”
- “我觉得自己没有价值。”
- “我觉得遭到忽视。”
- “我觉得寂寞。”

- “我觉得自己无足轻重。”
- “我觉得会遭人抛弃。”
- “我担心自己不会再交到像他这样的好朋友。”

辩解（Disputation）。现在该写个新故事，就如我的女儿莉亚在男友不回短信时所做的，把可能造成这种情况的诸多缘由写下。

范例：

- “才不过三天而已。我记得有一次他过了一周才回电。”
- “我相信他只是忙而已。”
- “艾德温可能出了什么急事，因此没办法回电。”
- “他可能生病了。”
- “他的手机可能失窃了。”
- “他家人可能生了病，他忙着照顾家人，没空回电给我。”
- “也许他的语音信箱有问题，没有接到我的留言。”

我刚发现这种技巧时，觉得它非常有用，因此不论我走到哪里，都随身带着一本日记本。

每当我觉得自己受到诱发，开始遵循习惯的心理路径，降低我的幸福指数时，我就花点时间进行 ABCD 法。

起先，我每天做这样的练习十多次，接着每天递减到十次，再接着变成七八次，然后三至五次。才不过一个月，它就已经成了一种习惯，让我不用拿笔，就可以直接由 A（逆境）跳到 D（辩解）。

顺带一提，上面列举的这些范例大半是基于实际的经验。我认识的一名男子有一天邂逅一名女子，于是邀约她出来。他们俩在咖啡店里，边喝茶边天南地北地聊了数小时，都被对方的魅力所折服，深深地互相吸引。

他答应那周再联系她，安排另外一次约会。

第二天，他打电话过去，结果是语音信箱提示。他留言说他们在咖啡店聊得很愉快，因此他想周六邀她一起共进晚餐和看电影，他说希望能接到她的回音，并留下自己的住址电话。

她没有回电。第二天他又打电话给她，不过依旧没有接到回音。

他问我的意见。我建议他采用这个 ABCD 练习，他很容易就完成了 A、B 和 C 的阶段，但在 D 这方面却历经挣扎；他拿着笔一动也不动地坐着，似乎想不出任何可以反驳他信念的想法。

“说不定是她手机掉了？”我暗示他。

他的表情混合了焦躁和不安。“哦，饶了我吧！”他说，“你只是帮她找借口而已。”

“真的吗？”我问道，“难道你没有掉过手机？”

他把这项辩解和其他几项一起写下来。

我再次看到他时，他朝我跑来。“她真的手机掉了！”他说，“所以她没有回电。而且因为她没有手机，所以她还担心也许我没联系她。”

“那太好了。”我说。

他兴奋得扬起了眉，大声道：“最棒的是我们上周五约会了，而且一切非常顺利！”

花点时间做这个练习，可以让你了解诱发你的提示，以及造成惯性行为的想法，让你可以培养更正向的观点来看事物。**为你的信念提出辩解，将为你带来正向的能量，这就是你的奖赏，能潜移默化地助你把这种心理过程当成一种习惯。**

观看后视镜的寓意

麦可是个长相英俊、事业有成的单身汉，虽然已经四十好几，却还没有找到对象。他诚心想要结婚，不愿再孤身一人，但他和许多女孩交往，却没有一个能最终一起走下去。

一天下午，麦可正在公路上开车赶着去开会，他已经有点迟到，因此并没有注意自己的速度。警察要他停下，给了他一张超速罚单。麦可把驾照收回皮夹，气愤地嘀咕几句，然后再继续赶路。然而还不到五分钟，他又被警察拦下，又被开一张超速罚单。

十分钟之内吃了两张罚单，真是厄运连连！

麦可被罚令到州公路局主办的驾驶训练班培训，他到课堂上时，正好看见一位漂亮的碧眼棕发女郎，两人整堂课上都四目相向、忐忑难安。课后两人相约去喝咖啡，就这样开始了初期的交往。几年之后的今天，他们已经过着幸福的婚姻生活。

麦可因超速被开罚单，被这件不幸的事诱发了不止一次，而是两次。虽然超速是他自己的错，但他告诉我，他感到愤怒，觉得警察专门找他的麻烦。然而，麦可数十年来一直都在寻觅理想的伴侣；他说，要是早知道那两张罚单会让他邂逅毕生挚爱，他恐怕会把车子开得更快，好确保警察一定把他逮住，他甚至觉得警察就是天使的化身。

要是麦可早有先见之明，他的心路历程就会有所改变。如今，他真心感谢那两张罚单。每次演讲，我总会请正在经历人生难关的听众举手示意，而通常举手人数几乎达百分之百。

“好。”我说道，“现在，如果曾经历的困难后来反而变成你的福音的人，请举手。例如，你失业了，结果却找到更好的工作；或者你失恋了，但却找到一生的挚爱。”再一次，人人都举了手。

“如果你现在所面对的问题，其实是你人生的催化剂，让你可以朝更好的方向去走，”我问他们，“如果你能转化对眼前困难的思维模式，了解它们是为了要让你的人生变得更好，你会不会将这些困难当成一种祝福？”

我可以看到他们开始思索这个问题时，灵光乍现的瞬间。

我们几乎无时无刻不在面对问题，而在大部分案例中，我们非但渡过了难关，还因此有了更好的境遇。然而，我们的大脑似乎对这样的过程选择性地遗忘。“没错，我顺利地解决了一年前的那个问题，但这个问题……它的严重性超出预期，我不知道能不能解决，就算能，我也不知道会不会带来好的结果。”

由风挡玻璃望出去，人生往往看不出什么意义，但如果你由后视镜看人生，那么你就能了解一切困难，其实是你通向幸福之路的必经考验。下面我们将用“未来日记”（Future Journaling）的做法来观想困难，容许我们以新的视野，来看原本的那些挑战。

密苏里州立大学哥伦比亚分校心理学家金恩·劳拉博士测验了以“未来日记”作为提升幸福指数的做法是否有效。柳博米尔斯基在《幸福又如何》中写道，金恩请一群学生每天花二十分钟写下他们自己未来最好的情况。几周后，这些学生整体的幸福指数都有了提升。

当你沮丧消沉或有问题出现之时，“未来日记”能很快地助你改变状态。拿出你的日记，写下未来六个月或一年的日期，接着写下你希望自己那时是什么样子，就好像一切已经发生。

记得描述完整丰富的细节，让潜意识可以感受到这理想的未来，就仿佛它是发生在眼前的现实。

不论你现在经历什么样的难关，都写出它们解决之后你的人生会是多么美好。下面就是一些很好的例子：

情况／理想的未来

你无法和儿子建立良好的关系。

“今天我过了很愉快的一天，和儿子谈话。他和我十分亲密，我们一起分享……”

你遭到解雇。

“真难想象当初 XYZ 公司让我离职时，我有多么担心。我的新工作薪水增加了百分之二十不说，而且我也热爱我的工作。就在今天我还……”

你被诊断出有健康问题。

“医生告诉我说我病了，那时我真的很忧虑，没想到才过了六个月，我就已经健康如初……”

你和伴侣分手了。

“她和我分手时，我真是伤心欲绝。我以为永远不可能克服失恋的痛苦，的确我也有几个月的时间悲痛欲绝。但现在已经过了半年，老实说，我觉得自己过得很好，我更能享受当下的一切……”

每一天，人生都会一再地诱发你，如果你练习新的惯性行为，它们就会变成习惯，而随着新习惯取代旧习惯，你也会发现维持较高指数的幸福已变成你的第二天性。

奖赏

许多孩子都是因为有甜点的承诺，才会吃完青菜。其实，保证会得到甜点，可以让孩子养成吃青菜的习惯。

奖赏是把惯性行为变成习惯的要素，因为你会渴望它们，而渴望就是使习惯变成“永动机”的必备要素。你越练习本书前三章所说的思维、言语和行动，就会开始觉得越幸福。本章所加入的两个惯性行为，也会使你的幸福指数提升到一个新的水平。当然，幸福本身就已经是奖赏，那是我们所追求、向往和一切努力背后的奖赏，然而幸福是一个能带来其他礼物的礼物。

一旦你变成更幸福的人，就会发现人生在各方面都有进步，而这个情况发生时，你的渴望也已经具体化，追求幸福的活动和惯性行为已经像刷牙一般，变成了习惯。

我建议各位在这些书页上折角，经常读幸福奖赏的篇章，提醒自己当你成为更幸福的人时，会有什么在前方等着你。

培养更高幸福指数的益处：

· 延年益寿。美国国家科学院研究发现，幸福的人通常比不幸福的人寿命长百分之三十五。

不要漫不经心地看统计数字，百分之三十五是一个很惊人的数值！这意味着家族成员平均能活七十五岁，而身为非常幸福的人，你可以把寿命延长到一百零一岁。

而且除了寿命增长之外，你也可以享受幸福生活的美好质量。发表在《美国国家科学院院刊》上的一篇报告发现，人年过五十之后，忧虑往往会大幅降低，这意味着你不仅会有更长的寿命，而且乐享的也是最幸福的岁月。

根据《伦敦每日邮报》报道，年纪较长的人比较幸福，原因是除非有正面的事物让年轻人分心，否则他们总偏执于负面的情绪和体验，而长者因为见惯经多，往往能对负面境遇一笑置之。另外，研究发现，较年长的人往往会远离使他们意志消沉的人，不愿意跟其建立长久的友谊。

· 整体幸福感的增加。塞利格曼博士的研究证实，幸福、乐观的人对人生有不同的体验，他们会把正面的事件看成：

1. 个人的
2. 普遍的

3. 永久的

也就是说，好事发生时，幸福的人会认为这证明了他自己的价值，也象征了这人生命中还潜藏着其他的好事，并且相信它会持续下去。此外，幸福的人认为负面的事件只是个案，并不普遍，也不会持久。

· 面对挑战时会有更多的能动性。剑桥大学菲利希亚·赫伯特所做的报告说："正面的情感和正面的认知，会让人有能动性和智慧面对人生的挑战。"

· 健康状况得到改进。《个性研究期刊》上的一篇报告说："正面（幸福）的情绪状态，对促进身体健康扮演着重要的角色。"

有无数的研究发现，感觉幸福能带来：

- 较少的压力
- 较低的血压
- 较少的头痛
- 身体紧张的缓解
- 得糖尿病的风险的降低
- 患心脏病的可能的降低

2008年针对一百四十个国家的盖洛普调查发现，即使在较穷的国家，虽然食物、住处和饮用水都不理想，但自认为幸福的人，会较少罹患身体的病痛。

畅销书作者，也是退休的外科医师伯尼·西格尔简单明了地说："事实就是，幸福的人通常不会生病。"

如果这还不够，那么下边的调查可能更具说服力。PreventDisease.com发表在网络上的一份研究报告表明：**变成更幸福的人，对你的健康比戒烟还要有益。**

· 你会变成比较好的人。哈佛商学院和哥伦比亚大学所做的研究发现：仁慈的人通常会幸福，而幸福的人也比较仁慈。

· 获得更美好更长久的婚姻。数十年来，心理学家普遍认为已婚伴侣往往比单身者幸福，然而，最新的研究发现，这种看法其实本末倒置，并不是已婚者比较幸福，而是幸福的人比较会维系婚姻！

· 帮助你提高自尊。几项研究发现，人的自尊和幸福指数成正比；越幸福的人，自尊程度越高。

· 获得更多的金钱。如本书此前所述，收入达到某个程度之后，金钱并不会大幅影响幸福指数。然而，哥伦比亚大学教授麦可·郭莫在调查"幸福的人是否收入更高"时发现，自尊是收入高低的关键因素。而由于幸福和自尊息息相关，因此越幸福的人，赚的钱越多。

· 有更多自由的时间。施普林格研究公司一项长达三十年的分析发现，幸福的人比较少花时间在电视和网络上，他们更注重和他人建立关系，分享他们的人生体验。

· 更多的性行为。同一份研究发现，非常幸福的人每年性行为的次数，约是不幸福的人的十倍。附带一提，另一项研究发现，最快获得幸福的方式，就是进行性行为；因此感觉幸福就较容易有更多性行为，而性行为反过来又会让你觉得更幸福。

· 较少的冲突。国际管理学会发表的其总裁梅德·琼斯的一篇论文中提道："幸福的人不担心人生是否公平，他们只想把它发挥得淋漓尽致。"

· 养成乐观的态度。塞利格曼博士曾说，乐观和幸福密不可分。

· 提升脑力。苏珊·雷洛兹博士曾在《今日心理学》中提到："幸福的人较有创意，可以更快地解决问题，精神上也更警觉。"

· 对其他人付出更多的爱心关怀。研究显示，不幸福的人花许多时间想他们的烦恼和生活。幸福的人则不那么专注于自己，而能把注意力放在其他人身上。

· 工作上有更好的表现。在 2010 年的一项研究中，盖洛普公司的首席科学家詹姆士·哈特发现幸福和工作表现有明显的关系。在一项针对两百七十二名上班族长达一年半的研究中发现，较幸福的人有更好的业绩，也能获得更高的薪酬。你越幸福，完成的工作越多，收获的奖赏也就越大。

- 心理健康更良好。在《真实的幸福》一书中，塞利格曼博士引述了研究结果：幸福的人比不幸福的人较少沮丧、较少自杀、较少妄想，也有更良好的自我控制和处理事物的技巧。

要养成固定习惯，对幸福生活形成渴望。这种渴望是来自对奖赏的感受、关注和感恩。

读以上幸福奖赏的论点，往往会让你由专注在幸福的惯性行为上，转为渴望幸福的奖赏，在接收到诱发信息的时候，能让选择较幸福的思想、言语和行动成为自然的反应。

研究已经发现，旧习惯永远摆脱不了。在接到提示时，习惯按照某个特定路线穿过迷宫的老鼠，虽然明知它们所追求的奖赏已经移到他处，唯有走另一条路才能到达，但当它们再接到类似的提示时，依旧会重蹈覆辙。

旧习惯会减弱消退，但它的提示和惯性行为却永远不会消失，即使已经不再有奖赏。

在戒烟二十多年之后，我接受了朋友递过来的一支烟，结果又恢复了烟瘾。吸烟的习惯其实从来没有离开，只是退隐到我心灵的阴影之中。

然而我发现，第二次戒烟比较容易，因为我已经培养出新的惯性行为和奖赏，因此在受到诱发要去拿香烟之时，可以熟练地运用它们。

美国第三任总统托马斯·杰斐逊说：“自由的代价，就是要时时保持警惕。”在一个以讥嘲、讽刺、自鸣得意、恐惧和牺牲受害为能事的世界，要得到幸福，也必须时时保持警觉。你得记住在受到诱发时，践行幸福的惯性行为，才能保持更高指数的幸福。

一开始积极运动、抗拒高热量食物但却无法持续下去的人，必然会失去刚拥有的完美身材，同样的，即使培养出过更幸福生活的习惯，但在思想、言语和行动方面无法积极维持的人，也会降到较低幸福指数的水平。

如果你的幸福巨石滚下山坡，你就会发现自己和西西弗斯不一样，因为你更坚强，更有能力把它推回原处，并且让它在那里长久矗立。你会有新的幸福习惯，凌驾于先前错误的习惯之上。

而且由于你变得更幸福，因此会开始享受更幸福带来的益处。你会受到幸福习惯的吸引，使它们能维持更长久的时间。简而言之，选择幸福的习惯将会被你固化下来！

法国革命政治家米拉伯爵写道：“我们独一无二的目标应该是：幸福。”

为什么？因为没有幸福，其他一切都不重要，但有了幸福，其他一切都会越来越好。幸福是我们做一切事物所追求的奖赏，而幸福也会把奖赏带进我们人生的一切领域。

美国独立宣言中说："我们认为下面这些真理是不言而喻的——人人生而平等，造物主赋予他们若干不可转让的权利，其中包括生命权、自由权和追求幸福的权利。"

美国开国元勋用"追求"（pursuit）一词，其实并不是去"追逐"或"寻求"，而是"实施，实践"的意思，就像医生、律师、商人或学生也同样可以采用 pursuit 的说法。

十八世纪的人如果问："你的 pursuit 是什么？"对方的回答可能是："我是个铁匠。""我是木匠。"或"我是裁缝。"幸福是一种行业，是存在的一种模式。幸福是生活方式的一种习惯。

诺曼·文森特·皮尔博士（牧师、作家、演讲家）写道："我们的幸福仰赖我们所培养的心灵习惯，因此每天都要练习幸福思考。培养愉悦的心，开发幸福的习惯，人生将变成持续的盛宴。"

幸福摘要

· 注意什么样的提示会降低你的幸福指数，培养新的诱发点。

· 想想过去在你幸福指数较低时，怎么才会觉得自己获得了奖励？注意自己何时会因为某些提示而响应惯性行为，造成心情低落，并且下定决心要练习新的惯性行为，保持幸福指数。

· 每当有事物提示你，造成你不幸福之时，练习 ABCD 的诀窍。每一次当你感受到负面情绪时，都做这样的练习，直到它变成自动反应。

· 每天花二十分钟写“未来日记”，创造自己幸福人生的清晰愿景。

· 培养对幸福的渴望。读本书前文所述做更幸福的人有什么样额外的益处——每天数次。

HAPPY
THIS
YEAR!

你可以幸福!

第五章

品性

公正的人幸福，不公正的人愁苦。

——普鲁塔克（古罗马时代的希腊作家）

让自己觉知

他站在一百八十米的山上，没穿上衣，只套着牛仔裤，戴着一顶牛仔帽；他眯着眼睛望着蔚蓝清朗的天空，用起茧的手握住重重的锤子，另一只手则把长凿子放在他两脚之间的花岗石上。

他把铁锤朝天空高举，深深地吸了一口气，一边吐气，一边用全力敲打。锤子凿在石上，只听得“锵”的一声在山边回响；那声音让一只麋鹿吓得动也不动，一只隼鹰则由栖枝上惊起。那第一锤发出了一道震波，将会触及数百万人的心灵。

那是 1948 年，他的名字是科尔扎克·吉奥克斯基，一个波兰裔的美国移民。虽然他从未接受过任何正规的艺术训练，却开始着手制作有史以来规模最大、最有企图的雕刻物，其他人只看到崎岖陡峭的黑山，科尔扎克却看到纪念美国史上一位传奇人物精神的碑石。

他独自一人到这山上，承担这艰巨而又富有历史意义的工作，也是许多人认为不可能完成的工作。他手拿锤子和凿子攀上南达科他州嶙峋荒山的那天，刚刚四十岁，一直到七十四岁去世为止，他这一辈子都在那座山上，勇敢面对南达科他的暑热和酷寒。

一岁就成为孤儿的科尔扎克一直在各个寄养家庭进出，在少年时期，他就已经到一间造船厂担任木雕学徒。二十岁时，他成了颇为成功的家具制造商；三十一岁时，科尔扎克则有短短一段时间担任夏兹昂·波格隆（因雕刻了四位美国总统的巨型头像而出名）在雕刻拉什莫尔山时的助手。

科尔扎克一九三九年在纽约世界博览会中，为波兰作曲家和政治领袖帕德列夫斯基制作了栩栩如生、令人屏息的雕像，夺得首奖，因而声名大噪。他原本大可以选择为有钱有名的人雕刻，过着舒适的生活，但他却做了不同的选择。.

印地安原住民彭加族的酋长“亨利立熊”和科尔扎克联络。他问科尔扎克是否愿意在南达科他州黑山的一个山峰，雕刻印地安传奇人物疯马的头像。“亨利立熊”说：“其他酋长和我想要白人知道红人也有伟大的英雄。”

科尔扎克和“亨利立熊”选了南达科他州卡斯特附近的雷

头山作为纪念雕像的地点，虽然他们选择这座山并不是因为它的名字，但“雷头”这名字听来气势磅礴，倒也颇适合伟大的疯马。

我赴松岭原住民保留区“嘿优卡”瑞德·布朗家做客时，一天早上，我们坐着听当地的广播节目，节目播放的是原住民欢乐的念诵和节奏分明的鼓声。突然古老的歌曲消失，接着播出澳洲摇滚乐团刺耳的歌曲《雷霆万钧》，我目瞪口呆地坐着，心中疑惑广播信号是否遭到干扰或中断。

瑞德看到我吃惊的神情，脸上露出微笑，让我明白这首歌曲的选择既非不和谐，亦非意外。他说：“根据拉科塔的传统，有雷霆之梦的人，是受到更崇高目标的召唤。”

他停顿了一下，听着 AC/DC 的主唱布莱恩·约翰逊低吼道：

鼓声咚咚
在我心中
枪声隆隆
撕裂我胸
你已经——遭到雷击

瑞德对我微笑，轻声说：“有雷霆之梦的人，还有另一个名字：嘿优卡。”

十九世纪五十年代中期，一个名叫达·桑科的男孩沉沉入睡，做了一个栩栩如生的梦，那是他生命中的分水岭。这个梦呼唤他成为“嘿优卡”，而他也开始接受部落中长老的教导，最终担任了这个受人尊敬的职务。他在战斗方面表现杰出，为了奖励他的勇敢，他父亲把自己的名字给了达·桑科——父亲的名字是“就像一匹疯狂的战马”，因此后来垦荒者就把这年轻勇士的名字翻译为“疯马”。

疯马是个有雷霆之梦的人，是“嘿优卡”，也就是“神圣小丑”。因此选择雷头山来制作纪念他精神的地点，正是一种因缘。

在展开工作前，科尔扎克花了七年的时间研究北美原住民的历史；抵达南达科他州时，身上只有一百七十四美元。他住在帐篷里，并且买下附近的土地，建造了一栋圆木房屋；科尔扎克为自己建了栖身之地之后，又砍树建造阶梯，总共七百四十一级高耸在雷头山侧。他每天扛着重达数百磅的器材，吃力地攀爬这些阶梯。

这个纪念雕像完成时，会是高约一百六十九米、宽约一百九十二米的巨物。为了说明疯马的雕像究竟有多大，我们可以把拉什莫尔山头四位美国总统的头像全放进疯马的头部；而疯马的雕像不仅有头部，这位伟大酋长的上身、双臂，甚至他爱马的前三分之一身躯都会在雕像上。

科尔扎克设计的疯马雕像和拉什莫尔山头华盛顿、杰斐逊、罗斯福、林肯总统的雕像不同，科尔扎克的设计是圆的，也就是说，在拉什莫尔山上，你只看到四位总统头部的正面，但疯马的雕像却有四面八方、三百六十度角的视点。

科尔扎克的设计经过认可之后，他开始着手工作；他在地上辛苦地凿出洞穴，放进炸药，炸去多余无用的泥土和岩石。每天都需要花很长的时间，也非常耗费体力。才开始工作没多久，科尔扎克就因摔倒而受伤，后来又伤了手腕和大拇指。有一天他在工作时失足，拉伤了脚腱，但他依旧不懈地劳作。

由于每天要把沉重的工具背负数公里，因此科尔扎克动了两次背部的大手术，总共切除了三个椎间盘突出。他还发生了另一次意外，在操作推土机时失控，滑过山侧，结果摔落数十米；然而第二天，科尔扎克腿上打了石膏，就又开着同一辆推土机回来工作。他两度心脏病病发，其中一次十分严重，但他却从没有停止脚步。他美好的憧憬就像潮水一波波温暖涌来，牵引他向前，并且带来源源不绝的能量。

在我参观游客中心时，可以看到当年科尔扎克开始的工作，如今已经交棒给他十名子女中的七人；我也看到科尔扎克许多的雕刻和画作，而最令我感动的是科尔扎克所绘的自己和爱妻鲁思的画像。

画中两人都咧着嘴微笑，似乎内心被幸福所充盈；他们脸上的欢悦洋溢在画布上，可见他们当时非常享受那一刻。我在第三章中曾提到一项研究，在学生年鉴或 Facebook 上的照片笑得越开心的人，日后在人生中越幸福。而这幅画像的作者则在他与妻子的脸上费心地画出了大大的微笑。他看到自己和他所爱的人非常幸福。而在疯马纪念雕像摄影书封底的照片上，两人也在垂暮之年，展现了同样的生命喜乐。

科尔扎克显然全神贯注在他一生的事业上，这让他的日常生活有了憧憬，虽然他明知这一大业在其此生难以完成。1998 年，在这座山奉献了整整五十年——也是科尔扎克去世十六年之后，疯马的头像首次公开，在仪式举行之前，根本看不出雕像的具体面貌。

疯马本人曾说："人需要非常远大的愿景，而拥有这愿景的人，必须耗尽心力追随它，就像老鹰追随最蔚蓝的穹苍。"当然，科尔扎克拥有而且毕生都在追随这样的愿景。

科尔扎克耗费一生的时间，在山腰上开凿耕耘，他希望下面有足够的花岗石，有朝一日能够雕出他所憧憬的疯马纪念像。他是身体力行要实践梦想的人，这是他能够拥有幸福的关键，但还有其他的原因。

科尔扎克不但拥有伟大的愿景，也有崇高的品性。

"品性"这个词的意思是："构成这个人的特性，使他独一无二的特质。" 科尔扎克对工作的狂热当然是他性格的一部分，而且也是他每天面对如山般艰巨繁重工作的原因。

"品性"的另一个定义是："道德或伦理的特质。" 科尔扎克也表现出自己的品性。要建纪念雕像的消息传出去之后，捐款源源不绝，他大可以利用设计师、工头和主要执行者的职务，发大笔薪水给自己，但科尔扎克却从未因疯马纪念碑的工作接受任何酬劳。非赢利的疯马纪念基金有越多的钱，就能买越多的工具和用品，而科尔扎克并不想占有这重要计划的资源作为己用。

在科尔扎克心中，纪念像不只是雕刻山石。庞大的雕像一旦完成，除了可以超越如今已经夷为平地的纽约世贸中心一半的高度之外，科尔扎克也规划此址作为北美印地安博物馆、北美原住民文化中心和北美印地安大学的所在地。

这样的愿景需要金钱，而且经费十分拮据，然而科尔扎克两度拒绝了美国政府一千万美元的赞助，他认为接受差点把北美原住民赶尽杀绝的政府的赞助，是不道德的行为。

或许有些人会觉得美国政府赞助这样的计划再合适不过，但科尔扎克却坚持己见，他认为接受不符合纪念像目的的赞助，就是对内心不真诚。**崇高的理想是最纯真的，它能够激发内心的动力，让整个宇宙都助力于你。**

科尔扎克忙着追求自己的梦想，没空研究品性和幸福之间的关系，但如果他这么做，就会发现品性和幸福在整个人类存在的历史上，其实一直息息相关。**仁慈公正地对待他人，就能提升你的幸福指数。遵从金科玉律与内心良善的人，有更大的可能会幸福。**

在西方文化中，一谈起“金科玉律”（the Golden Rule，即己所不欲勿施于人的训诫），大家就会想到在圣经《马太福音》和《路加福音》中都提到的耶稣训诲。然而待人如己的这个观念，却是举世所有神学和哲学均会提及的观点。看看下面的例子：

基督教

你们愿意人怎样待你们，你们也要怎样待人 。

——《马太福音》第七章第十二节和《路加福音》第六章第三十一节

犹太教

爱人如己。

——《利未记》第十九章第十八节

印度教

佛法的要义：勿对他人做如果加诸你身，会使你痛苦的事。

——《摩呵婆罗多》（印度两大史诗之一）第五章

佛教

以己喻彼命，是故不害人。

——《法集要颂经》

道教

见人之得，如己之得；见人之失，如己之失。

——《太上感应篇》

儒家

已所不欲，勿施于人。

——《论语》

袄教

会让你感觉不快的事，不要对别人做。

——《Shayast-na-Shayast》第十三章

巴哈伊教

自己不愿得到的事物，也不应祈愿他人得到。

——巴哈欧拉，巴哈伊信仰

人道主义

不要对别人做你自己不想别人对你做的事。

——英国人道主义协会

威卡教（英美流行的一种多神教）

你必须遵从威卡箴言，完美地爱和完美地信任，你必须待人如己，公平地取与公平地予。

——威卡箴言

北美原住民信仰

不要责怪或恨你的邻人，因为你责怪的不是他，而是你自己。

——美国原住民皮马族（Pima）格言

古埃及故事

我为人人，人人为我。

——《能言善辩的农夫》

山达基教

以你自己想要受到对待的方式待人。

——L. 罗恩·贺伯特，《通往幸福之路》

希腊哲学家

如果别人对你做的事会使你发怒，那么你也不要对人做同样的事。

——苏格拉底

婆罗门教

佛法的要义：勿对他人做如果加诸你身，会使你痛苦的事。

——《摩呵婆罗多》第五章

耆那教

因此他不施暴力于人，也不让人施暴。

——《阿查兰加经》第五章

宗教和灵性的目的，就是要引领人们到更幸福的存在状态，不论是在今生，或者是在某些人所信仰的来生。待人如己这条金科玉律并非道德的准绳，而是放诸四海皆准、引导我们通往幸福之地的原则。

我们如何对人，就是如何待己。因为我们全都归属同样的性灵，因此当我们互相伤害时，就是伤害自己。我们不可能借着伤害他人，使自己得到真正的幸福。

“等一下，”你可能会想，“我可以举出几十个例子，人们虽然恶劣地对待他人，却无损于他们自己的幸福。”

其实不然，你办不到。我甚至可以更进一步，说明人不能做他们明知道是错的事。

要让人做某件错事，那人必须觉得他的行动是有道理的。我们为某件事辩护，是想要“打抱不平”——也就意味着相信已经存在不公义的情况。因此被视为不道德或错误的行为，往往是隐含着一种尚未实践的信念，认为这是在已经出现明显道德不平衡的情况下，寻求平衡的结果。

只要是心理健康的人，就无法在毫不辩解的情况下，做出他们明知是错的行为。读过陀思妥耶夫斯基的名著《罪与罚》的人，就知道主角拉斯柯尔尼科夫在杀人之后，灵魂和心智一辈子都因自己的罪行饱受折磨的故事。

故意伤害他人的人不可能幸福。佛教界的思想家池田大作曾说：“你不可能把自己的幸福建筑在他人的痛苦之上。”

伤害他人的人，必须对自己甚或他人辩解自己的行动，提出确凿的理由。也就是说，他们得告诉自己，这样做是符合理性的。但在此过程中，他们已经降低了自己的幸福指数。

十年前，我女儿莉亚六岁时，我们到南卡罗来纳哥伦比亚市去探望我弟弟。我们逗留了几天，一天晚上，她和我去买点杂货，我们开了十五分钟的车才到目的地，然后进行大采购。

接着我们又开了十五分钟回到家里，在我们整理采购的物品时，我发现袋子里有一盒牙签。这不是我们购物单上的物品，我也不记得自己挑过这东西，因此我拿出收据逐项查对，以确认是否付了款。结果当然是没有。

这盒牙签的价格是六十五美分。当时我有两个选择，我可以留着这盒牙签，或者再开半小时车回到店里，油钱将比牙签的费用还贵。

我觉得这是教莉亚诚实最重要的好机会，因此她和我驾车开回店里。我拉着她的小手，一起把这盒牙签拿到收银员面前。

我向那名年轻的收银员解释，我们回到家却发现袋子里多了盒牙签，我来把牙签还给他们，因为我们没有付钱。那名女店员非常惊讶，我竟然为了这微不足道的小东西专程跑一趟，不过她还是感谢了我，并且接下了那盒牙签。

折回我弟弟家时，我感觉自己非常幸福。我不知是否因为我向还没有判断力的女儿——展示了恪守道德的重要性，但在我更深入思索之后，**我明白这不是因为我为女儿上了一课，而只是因为我做了对的事。**

密苏里大学哥伦比亚分校的经济学教授哈维·詹姆斯博士一直在研究道德行为与幸福之间的关联。

这个研究的起源是詹姆斯读了2005年至2006年的《世界价值观调查》，这个调查评估了世界各地的人对事物的看法。受访者被问到他们对自己生活的满意程度，请他们由一至十打分（听来是否很熟悉？）。

另外，受访者还被问到四个问题：

- 你是否会申请其实并不符合资格的政府福利金？
- 你是否会在搭公交车时逃票？
- 你是否会偷税漏税？
- 你对接受贿赂有何看法？

詹姆斯整理得出的数字，结果表明：“**认为不能接受这些道德困境的人，往往表示他们对人生更满意。他们比较幸福，因为他们掌控了其他学者已经证明和幸福相关的要素，包括相对**

的财富。”

詹姆斯告诉我：“对不道德行为越抗拒的人，往往幸福指数就越高。”

詹姆斯和我讨论了国民幸福指数（GNH）和国民生产总值（GNP）作为国家活力主要指标的关系。身为经济学家的詹姆斯，应该比较支持经济指标才对，但他却认为，国民幸福指数才是最重要的衡量标准。

“为什么？”我讶异道。

“因为健全的经济并不能使幸福增加，”他答，“但是幸福却是促进国家经济增长的最大催化剂。”**而且詹姆斯还认为，幸福最重要的因素，就是道德。**

“如果一个国家的目标是要改进民众的幸福，而幸福来自于民众遵守道德，那么改善民众的道德行为，同样也会促进社会整体的发展与繁荣。”他说。

他告诉我：“挑战在于，政府把重心放在法律上，但法律并不会提高民众的道德觉悟，而只是让人强制服从，民众遵守法律，只是因为怕被抓到受罚。”

法律是外在的，因此不可能对幸福造成影响。你不可能立法要人们遵守道德，每一年美国都有三百条新法律通过实施，自二十世纪七十年代以来皆是如此，这意味着过去四十多年来，已经通过了叫人咋舌的一万两千条法律。

当然，过去数十年以来，美国许多地方的犯罪率都下降了，抢劫、强暴和伤人等罪行早已经有法律的明文规定，政府官员似乎无法强迫人民采取道德行为，他们不知如何是好，只好再制定新法。

我们全都知道可以用“胡萝卜”或者“大棒”来激励的方法，这种说法源自农民在骡子面前摇晃胡萝卜让它向前走，或是用大棒抽打，驱使它向前。

“在我看来，政府只知道用法律来挥舞大棒，处罚违背它的人。”我对詹姆斯说。“是的，”他答道，“但我们所需要的是胡萝卜，让人民想要有更符合道德的行为，而这个胡萝卜就是提升幸福的秘法。”

正如我们在前一章所提到的，**渴望奖赏能使我们养成惯性行为。**没有处罚，并不能激励你。你不会因为没有被开交通罚单或没有遭到查账——而产生渴望，因此除了恐惧被抓到受罚之外，没有其他诱因激励你，只会让你但求自保，这和幸福并不相干。

此外，法律不断地累积增加，只会让人担心他们总有违法的时候，因而产生恐惧，而恐惧和幸福不可能同时存在。詹姆斯说，各国可以开始提倡以更幸福作为待人如己的奖赏，如此一来，人们不但可以减少法律诉讼，而且还可以造就更多幸福的民众，以及更有活力的经济。

但你能想象，如果代表你这一地区的国会议员举行记者会说：“今年我不打算投票立任何法律。我要提出一项法案，建议把税收拿来倡导幸福，作为恪守道德的奖赏。”会有什么结果？

有很大的可能是，他会立刻招致讥嘲，在下一届选举中落选。

但当你和其他人了解品性就等于幸福之时，我们可以一起推广这个想法，促使这样的情境发生。制定更多的法律条文并不能使人民更幸福，而只会让他们觉得不知所措，受到政府蓄意的掌控。在某件事物发挥不了效果之时，就意味着该改头换面、开辟新的路径了。

国家是大型而复杂的组织，跨国企业也同样是大型而复杂的组织。詹姆斯和我讨论了职场的道德与幸福的博弈，以及两者对获利共同的影响。

詹姆斯说："外在的激励，如高薪、安全的工作环境和支持员工的管理层，虽然都与工作的满意度息息相关，但拥有这一切并不表示员工会更幸福。如果在善待员工之外，管理阶层还能恪守道德来对待供货商和顾客，那么这也将提升员工的幸福指数。"

以"不作恶"为公司座右铭的 Google，在 2012 年 CNN 所做的调查中，获选全美最佳雇主第二名，同年，谷歌的利润高达 97 亿美元。

想要提升国民生产总值的国家，最好能将外在激励诱因与内在诱因相结合。高薪、安全、健康保险福利固然重要，然而能够相信政府言而有信，会以公平公正的方式对待人民，才能创造出更幸福的环境。

"许多研究显示，尊重个人权益的国家，会有比较幸福的国民。”詹姆斯告诉我，“也有证据显示，对政府有高度信任感的国家，既能有更幸福的国民，也能有更高的经济增长。”

詹姆斯和我谈到个人凭着一己的努力、拜自由贸易所赐、一路奋斗终于实现财务自由的故事。他说：“许多人都引述亚当·斯密有关自由贸易的言语，但却没有提到他关于道德的文字，真是叫人遗憾。亚当·斯密著有《道德情操论》，谈道德伦理。他认为经济和道德对社会同样重要。”

许多人有不道德的行为，并且为自己辩护说：其他人已经做了不道德的行为，因此他们只是自保，让大家站在公平的赛场上。他们承认，虽然社会准则可能指导我们“我为人人，人人为我”，但他们相信，因为别人已经做了不义之事，因此他们的不道德行为只是合理的回应。

采取这样的立场，就等于是把你自己当成受害者，把个人不道德的做法当成因应“他们”作为的正当反应。问题是，抱持这种想法的人实在太多，因此对我们不义的“他们”，其实就是“我们”自己。就如漫画人物彭哥（Pogo）振振有词的说法：“我们已经见到了敌人，他就是我们自己。”

金科玉律没有提到其他人的行为如何，它并没有说：“对待你不好的人，也以不好的方式回报他。”

十九世纪美国神学家和专栏作家法兰克·克莱恩写道：“除非你明白金科玉律是你的行为，否则它对你就没有用。”我们每一个人理应以合乎道德的方式行事，因为这样做能让我们比较幸福。大多数人非但不期待别人改善这个世界，而且还对不道德的行为推波助澜，宁可置身于那黑暗和痛苦之中。

十八世纪初，本杰明·富兰克林在费城经营一份报纸。富兰克林在看稿的时候，发现抢劫等暴力犯罪大半都发生在晚上城里黑暗的街道上，很少有人光天化日之下还胆大包天地攻击别人。

为了要让身处的城市更安全，富兰克林向费城政府陈情，要求在城里最繁忙的街道上装设煤气街灯。政府拒绝了，当时的城市装设街灯的寥寥无几，而且耗资不小。

于是富兰克林转而求助于当地的商人，请他们在自己的商店前装设路灯，但每一个商人都拒绝了，说这样的花费完全没有道理。

殖民时代费城街道的黑暗，就像藏匿在社会中的不道德行为一样，拥有对每一个人产生负面影响的能力。想让别人改变往往无比困难，因为人人都会观望他人的做法，在广告学上，这被称为“从众效应”。只要自己和其他人的做法一致，跳上众人所乘的花车，人们就会为自己的不作为找出各种理由。

而要促成改变，非得有人肯走下众人所乘的花车才行。

富兰克林在这三万余人的城市中，只有一己之力，他央求其他人把光明带进共处的黑暗中，但他们拒绝了。幸好，他并没有因此而放弃。

俗语说：“与其诅咒黑暗，不如点燃蜡烛。”富兰克林正是如此，他自掏腰包在报社前装设了一盏路灯。

起先，大家并没注意到富兰克林的街灯，众人对此不置一词。然而商店的老板渐渐注意到夜里人们会聚集在富兰克林报社前的街灯下。他们看到妇女匆匆地走过他们店门口的黑暗处，来到富兰克林那盏孤灯的光亮里聊天寒暄。

很快的，另一名装设街灯的商店老板也开始以此吸引夜里的客人。让他惊讶的是，因为他在晚上多提供了这一点善意，照顾居民的安全，因此他白天的生意也变得更兴隆了。

接着，一个又一个的店家都开始跟进。不久之后，路灯不再是可有可无的奢侈品，而是小区守望相助的必需品，其设置和维护也由市政府接管负责。而正如富兰克林所预期的，他的报纸可报道的罪案大大下降了。

富兰克林只不过为费城的暗夜带来一盏路灯，但结果他却得以住在安全的城里。他原本可以袖手旁观，抱怨“总有人该尽点力吧”，但他明白，一如往常，这个最爱抱怨的人就是我们自己。

在整个社会中，你只是沧海一粟。但只要你真诚地努力，就能提高这片“水域”的纯净度。其他人会跟随你，而你也将能享受因为付出而获得的便利和安全感，而研究显示，“付出”是成就幸福的关键因素之一。

正如富兰克林无法预测哪位店家会跟从他的做法装设街灯一样，你也不能确知谁会遵从你对品性道德的看法，但可以确定的是，它一定会发生。人们会看到你公平地对待他们，而且你把他们的福祉看得和你自己的福祉一样重要，他们也会以同样的方式对待他人，因此你会发现光明开始散布、传播。

既然你以幸福为目标，就必须衡量自己在“公益”这方面做得如何，并且开始关注良善与美德。

你这么做，并不是为了取悦他人，完全只是因为善待别人的奖赏就是使你自己幸福。你越心怀善念地对待他人，就越能有更幸福的感受。很快，你就会开始渴望更深层次的幸福，而依照内心良善的方式行事，也将成为你的习惯。

谈到宗教这个话题，有些说法其实和国会、地方立法机构相去不远。有些宗教并非鼓励人们践行道德的行为，以便获得内心的平静和幸福作为奖赏，而是要求人们遵从道德的准则，否则就可能会遭到永恒的诅咒。

英文“religion（宗教）”，字面的意义就是“绑缚在一起”，而有些宗教把他们的训诲设置成捶打人们的棍子。抵触了宗教教义的人就面临着地狱之火的威胁，或者至少会受到严厉的惩戒。这样的做法灌输的是恐惧和羞耻感，而有这种感受的人，是不可能幸福的。

我们常听到有些信仰非常坚定的人“失足堕落”，做出不道德的行为，这是因为把重心放在处罚而非奖赏上，会使人感觉抑郁和不幸，而不幸福的人就很容易走极端。与其威胁信徒，宗教领袖更该做的是教导他们凭良心行事，收获应得的欢喜以及随之而来的幸福结果。他们应该赠予的是胡萝卜，而非棍棒。

孔子的教诲在中国很受尊崇，儒家哲学的精髓在于对待任何人都像自己家庭的一分子，只可惜许多人对待别人和对待自己家人截然不同。待自己家人不公、占他们的便宜，就是昧着良心，但其他人却是可以打击、利用的对象。

当我们画个圆圈，把家人和我们自己画在中间，把其他人放在圈外，我们就已经偏离了最基本的灵性真理：四海一家。我们把灵性的整体撕为碎片，而在碎片中，我们也减损了属于自己的幸福。

除了公平地对待他人之外，诚实是品德的另一个重要特质。值得一提的是，诚实和幸福之间的关系也已经被实验证实。

美国圣母大学的研究人员征募了一百一十位年龄由十八至七十一岁不等的人参加十周的实验，他们把受测者分为两组。

第一组奉命不说谎话。如果他们置身于说实话会使他们不安的境况，他们就尽量保持缄默。但无论如何，他们都要尽力在整个实验过程中不说谎话。

另一组则是控制组，对于要不要诚实，并没有特别的指示。

每一周，两组的每一个人都要来做健康和关系评估，并且测谎，以了解他们前一周是否撒谎。

结果发人深省，对于最终的定论很有意义。奉命不撒谎的那一组很少产生焦虑和抑郁等心理问题，也比较少有头痛和喉咙痛等生理上的不适。此外，在十周实验期间不撒谎的这一组，在亲密的个人关系方面，也有了进步。

人们总担心说实话会破坏他们的关系，这很讽刺，因为这个研究显示的结果恰好相反——越诚实的人，关系越亲密。

研究发现，诚实的人较少产生焦虑和悲伤，也因此会获得更深层次的幸福。

为什么诚实和幸福会有正向的关系？

不久前我和一群朋友在一起，我们谈到诚实这个话题。其中一位朋友说了一句意味深长的话。他说：“在每一句谎言之前，都有恐惧存在。”我思索了这话良久，觉得它再真切不过。人因为恐惧而说谎，因为恐惧自己会为某事遭到责难而说谎，因为恐惧失去而说谎，因为担心说了实话可能会伤害他人而说谎。

谎言是恐惧的结果，而你不可能同时既恐惧又幸福。

修饰真相就是说谎。人修饰真相，夸大自己的重要，因为他们担心说了真话，别人可能就会认定他们无足轻重。例如，一名高中篮球队员可能在比赛中拿了十一分，但后来却告诉祖父母他得了十七分，因为他知道有个堂兄平均每场比赛都能得十七分，他怕自己比不上人家，因此修饰了技不如人的真相。

人修饰自己的表现，是为了要减少恐惧，提高自己的幸福指数。然而由于这样的修饰本身是个谎言，因此产生了反效果，由于此人知道自己所说的不是真的，反而造成了不幸福的后果。

用说谎来夸大自己的重要性，就等于是用另一种方法说：

“我告诉你我比真正的更好，因为我担心自己不够好。”只可惜内心里“我不够好”的想法，正说明了他的缺乏自尊和自信，而正如我们所讨论的，自尊和幸福成正比。

约十年前，我也深深地感受到自己不够好。我的财务状况不佳，感觉人生陷入低谷。那时我以为自己的不幸是因为钱不够多，但现在我明白种种不幸肇因于对自己的不认可，和银行存款没有多少关系。

一天下午，我到书房去听音乐。我翻找 CD，结果注意到里面有几张 CD 是别人为我刻录的盗版碟。

我灵感一来，走进客厅，打开存放唱片的抽屉，那里也有十几张我自己转录或者亲朋好友帮我录的盗版碟。接下来我检视了我的计算机，发现其中也有一些朋友或同事帮我下载的非法软件。为此我召开了家庭会议。“要是我们银行账户有一千万美元存款，我们还会享用音乐、电影和软件的盗版吗？”我问道。

“那不是我们盗的，是别人给我们的。”我女儿回答。

“我们付钱了吗？”我问道。

所有的人都摇头：“没有。”

“所以，就算我们没有偷它们，我们还是持有赃物。要是我们有数百万美元可以花，我们会这样做吗？”

我的家人凝视着我良久，然后一个接一个地说：“唔，我想不会。”

“那么我们就不该像穷小偷一样生活，而该像富有的人那般诚实。而且我们现在就该这样做，不能因为缺钱就放纵自己。”我说，“我要你们每一个人去检查自己的 CD 和卡带，把我们没有付钱的拿出来，然后丢掉。”

他们不可置信地看着我，过了好一会儿才走出去按我说的去做。十分钟之后，我们全都在屋外用来焚烧垃圾的桶子前集合。

“我们把它们烧掉吧，”我说，“创作这些作品的人应该要得到酬劳。就算‘人人都这样做’，也不能证明我们这样做是对的。”

我点起了火苗，把这些产品一个个扔进去，然后回到屋内，一一删除两台计算机中的非法软件。我们这样做并不是怕被抓到，而是出于我们自身的选择，要符合道德，不因恶小而为之。

孔子说：“智者动，仁者静。智者乐，仁者寿。”抛弃盗版的商品对我们而言是莫大的改变，然而在我心中，这个做法是我自己幸福指数和我们家奔向富足的转折点。

一直到今天，我依旧不使用盗版软件或影片。如果有人给我翻录的 CD，我会上 ITunes（苹果公司出品的一款数字媒体播放程序）付费，即使我并没有下载它，但我有一份复制品，所以我为它付费。

曾有人因为我如此着重品性而对我侧目，也有人因此攻击我，因为他们觉得我一定会因为他们的作为而批判他们。

我并不批判他们。他们的选择，和我并没有关系。**我只是极其重视自己的幸福，而我知道幸福和品性是携手并进的。**

亚里士多德说：“幸福是人生的意义和目的，是人类生存的目标和结果。”他用的这个希腊词 Eudaimonia 一般翻译为“幸福”。由词源来看，它是由“eu”（“好”）和“daimon”（一种超自然的存在）所组成。

大部分的人总是以人人都这样做，振振有词地为自己缺乏品性的行为辩护。“这是人性，”他们说，“这很自然。”**我们渴望达到的幸福指数不“只是人性”，而是超越人性，“好到超自然的地步”。**

Eudaimonia 是亚里士多德作品的重点，在亚里士多德看来，幸福和道德是一体的两面。他写道：“幸福是至善，是美德的领悟和完美的实践。”

缺乏道德的人或许可以在临时浅井中暂时解渴，但他永远抵达不了幸福的绿洲。**幸福的人是有品性的人，并不是因为政府或宗教权威说他们非得具备道德不可，而是因为这样做能为他们带来幸福。**

《阿特拉斯耸耸肩》的作者安·兰德简单扼要地说：“我的哲学，本质上就是以人为英雄人物，而他的幸福就是此生的道德目的。”

当人们提升自己的幸福指数之时，他们的品性就自然会提升，而随着他们以符合品性操守的方式行事，他们的幸福指数也会成正比提高。

幸福摘要

· 不真诚正直，就不可能幸福，因为你会有微妙的恐惧感，担心自己会被捉到，或者别人会欺骗你。两者都会否定幸福。

· 对你所接触的每一个人，都提供和挚爱家人一样的公平对待。

· 不要为自己的不正当行为找借口，说这是“合理的谎言”。

· 随时都说实话，要不然就保持缄默。

· 不要虚饰自己的成就。如果你这样做，想要在他人眼前吹嘘自己的重要性，反而会减少你的自尊，因而降低了你的幸福指数。

HAPPY
THIS
YEAR!

你可以幸福!

第六章

命运

命运不是选择，也不是等待的目标，而是要去身体力行的事物。

——威廉·詹宁斯·布赖恩（三度成为美国总统候选人）

以正面力量看待

“可恶！”我望着眼前停滞的公路车流抱怨道。

“换一条车道吧。”终于受不了了，我建议道。

“那条线也一样不动。”朋友说。

“我们会迟到。”这大概是我第十次重复这句话。

“没办法，这是唯一的路，而他们正在施工。”她说，“算了，等等吧。”

她说的这个“算了”是和我多年来所欣赏的明星会面的机会。

雅科夫·史米尔诺，这个留着小胡子、身材不高的演员有机智的头脑和亲切的微笑，是我最喜欢的谐星之一。在“冷战”的最高潮，雅科夫移民到美国。他有几年在喜剧俱乐部表演，谈他敏锐的观察，比较美国和他祖国苏联之间风俗和国情的异同。

里根总统反复抨击俄罗斯为“邪恶帝国”使雅科夫成为众所瞩目的焦点人物，很快他就经常上电视，并主演电影。他描述美国的招牌名句“这是什么样的国家！”成了二十世纪八十年代的流行语。

电视剧《夜间法庭》当红之时，我总爱看有雅科夫客串的那几集；我也欣赏他在电影中和李察·普莱尔、杰克·尼科尔森、罗宾·威廉斯和汤姆·汉克斯等大明星一起的演出。

“冷战”结束之后，俄罗斯成了美国的盟友，雅科夫则移居密苏里州布兰森市，在这观光胜地开了一家规模最大、生意最好的戏院。我们之所以忍耐这开开停停的缓慢交通，是因为雅科夫当晚要在密苏里州的斯普林菲尔德表演一场他在百老汇演出的精华版，我们要开三个半小时的车去看这场秀。

另一位朋友是这场演出的策划人，她答应我如果我早点去，她一定让我和雅科夫见面；我一整周都兴奋莫名，不断地对自己说：“我要见到雅科夫了，我要见到雅科夫了。”

现在，这个希望恐怕破灭了。我们陷在车流里，几乎不可能提早抵达，和他见面眼看就要泡汤了。等我们的车终于开到通往演出场地的公路出口，我看了一下表，发现我们能赶在演出开始前抵达都算万幸了。我垂头丧气，不由得发出一声长长的叹息。

我们沿着街道向前开，前往演出场地，但交通再度瘫痪。“又怎么了？”我边说边探头出去看前面发生了什么事。

原来就在那个周末，春田市有一场大规模的车展，警方正在指挥交通，好让那上百辆车先过。长长一串整修得晶亮浮华的车子缓缓由我们面前蜿蜒而过。

我心急如焚，虽然觉得没指望了，但还是凭着念力，在心里一再重复：“我要见到雅科夫了，我要见到雅科夫了。”二十分钟后，车子开始缓缓向前进。虽然我们已经要迟到了，我还是一心一意地想着：“我要见到雅科夫了。”

“那是什么？”朋友的问话一下子把我拉回现实。

“哪里？”我问。

“那里。”她指着几百公尺的前方说。

我朝她指的方向看去，发现车子纷纷避开挡在路中间的什么东西。空中则有一小把一小把的土落下来。等我们靠近，我看到一个光着上身打着赤脚的幼儿，穿着褴褛的短裤，站在车道上把一小把一小把的泥土抛向空中；车子一辆一辆地转向回避，却没有人停下。

我望向街道旁，搜寻是否有不小心让幼儿走失的成人身影，但却没看到任何人。在这里，在繁忙的六车道大街上，这个幼儿置身周遭来往的车辆之中，显然十分危险，但他并不在意，只是伸手抓起一把一把的泥土抛向空中。

“靠边停。”我说。

“但如果我们停下来，你就绝对无法见到雅科夫了！”朋友说。

“是……不……呃，没办法！”我结结巴巴地说，“赶快靠边停下！我们不能让那小孩留在马路中央。”

车子停稳后，我冲下车。这男孩突然发觉到我的出现，转身迅速地离开。幸好他回到路边，走上人行道，而不是陷入车流中。

“好了，没关系。”我安抚他说，“我是过来帮你忙的。”他转身走向繁忙的十字路口，意欲离开。

我走在他身旁，朋友在我们身边徐徐行驶。我和这男孩说得越多，他走得越快。

“你叫什么名字？”我问道。

他默默地看着自己污秽的双脚，继续向前走。

“你知道自己住在哪里吗？”我问道。

再一次沉默。

“你几岁了？”我锲而不舍地追问。

他朝我的方向伸出三根脏兮兮的手指，小脚在人行道上啪嗒啪嗒向前。

“三岁？”我不由大吃一惊，什么样的父母这么不负责任，让三岁小孩在大马路上独自玩耍？突然，这小男孩迅速地跑到我前方，朝向挂着灰色百叶窗帘的一间塑料壁板小屋跑去。屋子的前门开着，他伸展小小的身体，用双手抓住把手，推开纱门。

我站在屋外，大惑不解，心里思索着接下来该怎么办。我转向坐在车里任引擎空转的朋友，我们俩同时向对方耸耸肩。

我决定跟着男孩进去，确定他安然无恙，并且劝告照顾他的人下一回要谨慎。我走到台阶上，朝纱门里望去，看到这个小男孩站在阴暗客厅另一头的沙发旁，电视机开着，小男孩把一只手放在躺在沙发上的人身上。

我敲敲纱门的门框。

没有反应。

我敲得更大声。

还是没反应。

“你好？”我说道。

没反应。

“你好！”我大声喊。

听到叫唤，原本躺在沙发上熟睡的女人转了个身，对孩子说：“你没事吧，宝贝？”

“抱歉！”我边叫边挥舞着双手。这名妇女现在完全清醒了，她发现除了自己和孩子之外，还有旁人，于是站起身来，缓缓走到门边。她眯着眼睛，由阴暗的客厅朝门口的光亮望过来。

“你是？”她问道。

“我叫威尔·鲍温，”我说，“我刚刚从三条街外那条大马路上，跟着你的小孩过来。”我指着街上说，“我看到他独自一人，在车流中玩耍。”

她疑惑地看着我，过了好一会儿，她又望着小孩，环视整个屋子，接着她才露出突然明白发生了什么事的表情。“我的老天爷。”她喊道。小男孩倚着她穿着长裤的腿，她弯下身来一把把他抱起，紧紧地搂在怀里。

“我的老天爷。”她又说了一次，“他跑到马路上去了？”她的双眼因恐惧而大睁。“对。”我说道，“我看到他在那边的六车道大马路上玩。”

终于明白发生了什么，面对刚擦身而过的灾难，她大感惊恐。“我在沙发上睡着了，”她的声音颤抖，“天气很暖和，所以我把门开着，他在看卡通节目。他以前从没有这样过！”

她努力回想，“我把纱门锁上了。”她很肯定地告诉我。接着她低头看了一下，没有那么自信地说，“我应该锁上了纱门……”然后她哭了起来，把小男孩紧紧地抱在胸前。

“我的老天爷！”她又说了一次。她把孩子举到胸前，仔细地检查他有没有受伤。“我相信他没事，”我说道，“幸好他知道自己住在哪里，我只是陪他走回来，确定他会安全到家而已。”

“谢谢你！”她嚷叫起来，泪水涌了出来，“谢谢你！”

“我很高兴能帮上忙。”我说道。

趁着这名妇女抱着孩子亲吻时，我转身准备离开，但在最后一刻，我又走回门口。

“对不起。”我对着纱门说。

“嗯？”她愉快地回道。

“他叫什么名字？”我问道。

“雅各布。”她依旧抱着他不放，“他的名字是雅各布。”

我边走回车上边感到一阵温暖的颤抖。

我默默地系上安全带，坐在座椅上，重新回想刚才发生的一切。我等了一周要和雅科夫见面，就连一个小时前，我还在心里说，“我要见到雅科夫了。”

“他的名字是雅各布。”我回想着那位母亲的话。

在俄文中，雅各布这名字的发音就是“雅科夫”。

交通现在十分通畅，我们很快开到表演现场，好不容易在表演厅后方找到座位。我看到答应引荐我见雅科夫的朋友坐在前面，她回头一望，我们视线相接。

我们俩互相微笑，她举起两手，掌心向上摊开，仿佛在说：“唉，太可惜了。”我耸耸肩，向她点点头，表示同意。

表演完后，我们一行人走了出去，来到停车场。

这时我心中有个声音，要我回到表演厅。因此我转身离开，告诉朋友说：“我马上就回来。”

“你要去哪里？”一个朋友问。

“我马上就回来。”我再说了一次。

我走回已经空荡荡的场地，正好看到原本承诺要介绍我见雅科夫的朋友和他一起回到场内。我感觉这是命运注定让我们相会，赶忙走上前去，终于得以相识。

原来雅科夫和我有许多共同点，我们连生日都正好在同一天。后来我们用电子邮件和电话联络，如今他是我最好的朋友。他不但有趣，而且十分敏锐、聪明，非常重视精神灵性，强调自己的个人发展，也一心要努力让世界变得更好。

我爱这个真实的故事，因为我真的认识了雅科夫，而我也协助了雅各布——一个要是我没有适时帮忙，可能会受到重伤的男孩。

认识雅科夫是我的命运吗？协助雅各布安然返家是冥冥中注定的天意吗？

许多人把命运（destiny）和天意（fate）两个词混为一谈，然而它们却有截然不同的意义。

命运是围绕在我们目前生命周遭的最大潜能，它静静地坐等我们的接近。而另一方面，天意则是不可避免的宿命，无论我们怎么努力，它都免不了会发生，无从逃避。它是预先注定，再怎么努力，也难免让我们来到它的门前，是不可逃避的劫数。

“天意”难违，然而命运则像目标一样，是可以掌控的。因此我结识雅科夫和雅各布两者，是命运，而非天意。他们是我所采取行动的结果，而非命中注定难违的天意。

我在本书序论中曾提到，幸福是你的命运，是你受到吸引、努力向前的目标。只要有合适的思想、言语、行动、习惯和品性，你就能实现你的命运。

许多人都没有实现他们的命运，不论是追求幸福，或者达到他们该有的爱、健康和富足的最高点。命运已经存在，只是这些人并没有发挥全力，追求它们。

幸福是你的命运，因为你和其他每一个人都有追求幸福的欲望，接纳幸福作为你的目的，设定它当成你的目标，采取行动做更幸福的人，让你能实现你的命运。

人天生就有追求幸福的本能，人生就是由幸福作为衡量的基础。当我们的人生中有了重大的变化，我们不免会问：

“你为什么辞职？”

“你为什么离婚？”

“你为什么离开家乡？”

“你为什么改变发型？”

“你为什么不再有那种嗜好？”

不论问题是什么，答案都是“我不幸福”。

不论是“我很幸福”或“我不幸福”都足以作为人生重大问题的完整答案，这也意味着在内心深处，我们了解幸福是我们的命运。

希波主教圣奥古斯丁（早期基督教会最伟大的思想家）认为命运是灵魂与身体合而为一，灵魂活在无限的领域，因此不能了解为什么你不能过幸福的生活，让身体投入带来幸福感的过程，就能满足你作为幸福灵魂的命运。

但天意又是怎么回事？

我们全都注定会死，死亡是难以避免的，我们也全都注定在人生中会体验到痛苦、困难和悲伤。生命乃是随折磨而来。按照佛家的说法，人生就是磨难。

生命充满挑战，人生就是挣扎奋斗。人生可能常常充满困难艰险，那是我们注定的宿命，但即使在充满挑战的宿命之下，我们的命运依旧可以保持幸福。越南的禅宗大德一行禅师曾写道："不要等到你没有任何痛苦折磨之时，才容许自己幸福。"

伟大的德国哲学家尼采比较人的命运和天意认为，命运可以借着诚实地评估天意来实践。了解并接纳命中注定要经受的挑战和磨难，使我们得以掌控命运，即使面对人生的高低起伏，依旧能够获得幸福。

许多人认为，如果说幸福是命运，那么它永远浮现在阴暗的远方。如果人生是顺境，那么我们就幸福，如果是困境，我们就不幸福。然而大部分所谓的幸福，其实是对幸运事件的欢喜反应。

想想看我们用"幸福"一词的方式：

“能认识你，我很幸福。”

“能找到那家新餐厅，感觉很幸福。”

“能和她在一起，我很幸福。”

“恭喜你们结婚，你们一定会幸福。”

“接到喜欢的人的电话，真幸福。”

想想幸福一词用得多么频繁，你会以为人们应该比较幸福，但实际上，我们虽然爱说“幸福”这个词，但我们真正的意思是“高兴”，因此比较正确的说法应该是：

“我很高兴认识你。”

“我很高兴能发现那家新餐厅。”

“我很高兴能和她在一起。”

“恭喜你们结婚，你们一定很高兴。”

“我很高兴喜欢的人能打电话给我。”

幸福是一种整体的满足，而高兴则是欢喜的表达。我们常说自己幸福，但其实我们真正的意思是高兴。**高兴会来来去去，而幸福却是一种能够持续的美好状态。**

光是为了趣味，不妨统计你多常使用“幸福”一词，然后只要可能，就以“高兴”来取代。区别以你的满足感为基础的幸福，和稍纵即逝的人或事所带来的高兴。

要实现命运的第一步，就是要发现你的命运，接着宣告那是你自己的命运。正如我在第一章所提到的，相信自己幸福是幸福最重要的一步。你对自己的信念是你最终幸福与否的关键。

在《设计幸福》（*Engineering Happiness*）一书中，作者拉基许·萨林和曼诺尔·波塞斯写道："幸福是自我实现的预言。"你的命运也许是幸福地过一生，但如果你不去追求你的命运，它就永远无法实现。然而，如果你说自己是幸福的，那么幸福就会成为自我实现的预言。

或许你会问："相信自己幸福真的那么重要？我对自己的叙述真的会成为自我实现的预言？"

《今日心理学》最近的一篇文章报道了挪威科学技术学会对自我实现预言这个观念所做的研究。

研究人员对一千多名体重正常的青少年进行了调查，询问他们对自己身体的看法。十一年后，他们追踪这些受测者，发现青少年时期认为自己肥胖的人，有百分之七十八成年后体重超重。虽然这些人明明就不胖，但他们认定自己肥胖，结果到了成年，他们的肥胖就成了自我实现的预言。

幸福就是自我实现的预言。你绝不会比你自以为幸福的程度更幸福。

陀思妥耶夫斯基写道："只要我们觉得自己幸福，我们就幸福。”不论你在刻度为十的幸福指数表上平均只有三分，或者平均高达八分，只要你说自己幸福，就会点燃幸福的火焰，让你更幸福，不要只说“我想要幸福”，因为那会浇熄幸福的火苗。

现在我们已经兜了一圈，回到原点。要达成你的命运，也就是你的幸福目标，你必须先有持续的思维，认定自己是幸福的人。你觉得自己幸福的想法会引导你的言语和行动，培养习惯，发展你的品性。

你的命运将会是维持幸福，不论你是否选择它作为你的目标。如果你做这样的选择，那么今年你必然拥有可观的幸福指数，并且维持下去。

幸福摘要

- 你天生就会幸福。
- 命运是理想的港口，如果你不刻意朝它航行，就很可能错过它。命运需要你的行动，而天意则是不可避免的宿命。
- 把“幸福”一词留下来，只在宣告你整体的状态时使用。对于带给你欢喜的事物，该用“高兴”这个词取代。
- 记得：“想要”某件事物意味着在你的信念中，你并没有拥有它。不要“想要”幸福，肯定自己已经幸福。
- 幸福是自我实现的预言。你的幸福命运近在眼前，只要你宣称你已经达到了幸福的目标，你就幸福。

后记

想象现在是除夕，你正和朋友坐在一起，享受当下、庆祝新年。你们围着温暖的烛光坐着，一起聆听舒缓的音乐。你听到香槟软木塞清脆弹出的声响，接着是美酒与玻璃高脚杯间的细碎缠绵。

随着时针朝午夜走去，有人建议每一个人都对来年许下心愿。过了安静的片刻，一个朋友抬起头宣告说："我要减掉七公斤体重。"

"说得好！""你一定办得到！"其他人纷纷说了支持的言语，并且举杯互碰。

接下来，有人不甘示弱地宣称："我要自行创业。"

大家纷纷说出了兴奋的赞美之词，接下来，每个人都一一说出了他们的愿景，大家举杯畅饮，并且以热情的言语相互鼓励。

你抬起头来，发现午夜的钟声即将敲响，新年的序幕即将掀开时，在片刻的静寂之中，你大胆地宣布："我一定会幸福！"大伙儿这回倒没有举杯为你的愿望致敬，而是把杯子拿在手上，深思你方才说的话。

有些友善的面孔在迷惑之余挤出几丝笑容，其他人则一脸不解，但依旧礼貌性地向你点头。就在此时钟声敲响，大家松了口气，唱起骊歌挥别过去的这一年，也解除了彼此无语的尴尬。

把幸福作为你的新年愿望，在某些人看来或许是一种退步。他们觉得实现愿望就能为我们带来幸福，但正如我们所见，幸福并不是健康成功人生的副产品，而是建构人生的基础。

摩天大楼首见于美国，先是在十九世纪后期，生意人希望经营的企业能够和他们所往来的公司距离不远，而拜飞速发展的技术之赐，摩天大楼也的确如愿与天齐高。

只除了一个问题。当时还没有发明可以到达摩天大楼高度的电梯。因此建筑的高度不是由它的内部架构或外墙能建到多高来决定，而是由电梯可以达到的高度来主宰。

1880 年，电梯只能到达十楼，因此建筑最高也只能到达十楼。到 1890 年，电梯可以到达二十楼，于是地产商开始建二十层的高楼。逐渐地，电梯终于越升越高，摩天大楼的高度也因此向上攀升。

设定新年愿景的决心，期待借此得到幸福的成果，就像建造电梯所达不到的摩天大楼一样，或许外观宏伟壮丽，但却不只过是空洞的建筑架构。唯有先设定幸福的愿景，再追求外在的成就和人生的改进，才能让你不但能达到所追求的高度，并能纵览四面八方的美景。

就如心灵导师埃克哈特·托利说的："对待你内心的事物，要像对外在的事物一样有兴趣。只有你内心平顺了，外在才会和谐。"

祝你幸福！！